总主编简介

吴德星，男，山东省无棣县人。毕业于山东海洋学院，青岛海洋大学物理海洋学博士，现任中国海洋大学校长、教授。

吴德星教授现为国家重点基础研究发展规划（973计划）项目首席科学家，第十一届全国人大代表；兼任教育部高等学校地球科学教育指导委员会副主任委员，国家自然科学基金委员会地球科学部第三、四届专家咨询委员会委员，中国海洋学会副理事长、中国海洋湖沼学会副理事长等多项社会职务。

吴德星教授长期从事物理海洋学研究，曾获省部级多项奖励。2004年起享受国务院政府特殊津贴，2008年由韩国总统李明博授予“大韩民国宝冠文化勋章”。

Far-Reaching Expedition & Navigation

航海探险

任其海◎主编

图片统筹/刘乃泉

插画绘制/张潇羽

中国海洋大学出版社

·青岛·

畅游海洋科普丛书

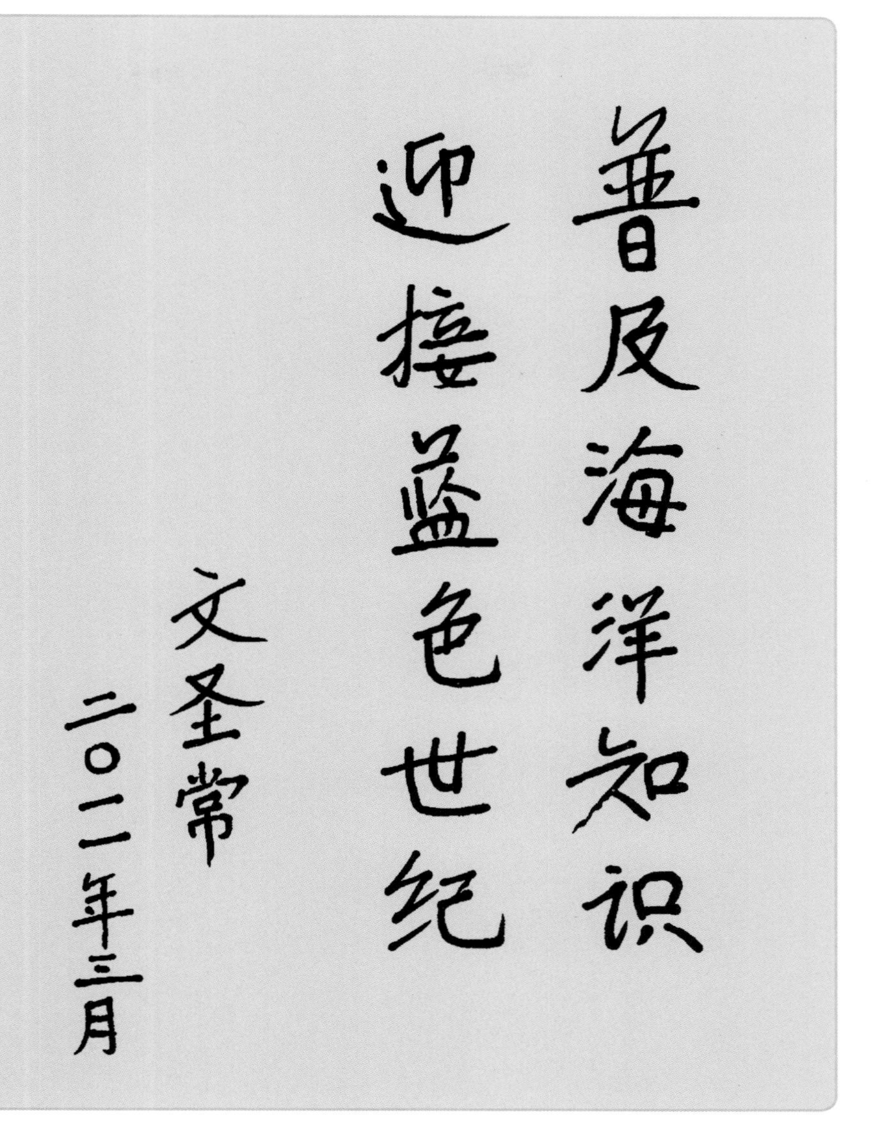

中国科学院资深院士、著名物理海洋学家文圣常先生题词

畅游蔚蓝海洋　共创美好未来

——出版者的话

海洋，生命的摇篮，人类生存与发展的希望；她，孕育着经济的繁荣，见证着社会的发展，承载着人类的文明。步入21世纪，“开发海洋、利用海洋、保护海洋”成为响遍全球的号角和声势浩大的行动，中国——一个有着悠久海洋开发和利用历史的濒海大国，正在致力于走进世界海洋强国之列。在“十二五”规划开局之年，在唱响蓝色经济的今天，为了引导读者，特别是广大青少年更好地认识和了解海洋、增强利用和保护海洋的意识，鼓励更多的海洋爱好者投身于海洋开发和科教事业，以海洋类图书为出版特色的中国海洋大学出版社，依托中国海洋大学的学科和人才优势，倾力打造并推出这套“畅游海洋科普丛书”。

中国海洋大学是我国“211工程”和“985工程”重点建设高校之一，不仅肩负着为祖国培养海洋科教人才的使命，也担负着海洋科学普及教育的重任。为了打造好“畅游海洋科普丛书”，知名海洋学家、中国海洋大学校长吴德星教授担任丛书总主编；著名海洋学家文圣常院士、管华诗院士、冯士筰院士和著名海洋管理专家王曙光教授欣然担任丛书顾问；丛书各册的主编均为相关学科的专家、学者。他们以强烈的社会责任感、严谨的科学精神、朴实又不失优美的文笔编撰了丛书。

作为海洋知识的科普读物，本套丛书具有如下两个极其鲜明的特点。

丰富宏阔的内容

丛书共10个分册，以海洋学科最新研究成果及翔实的资料为基础，从不同视角，多侧面、多层次、全方位介绍了海洋各领域的基础知识，向读者朋友们呈现了一幅宏阔的海洋画卷。《初识海洋》引你进入海洋，形成关于海洋的初步印象；《海洋生物》《探秘海底》让你尽情领略海洋资源的丰饶；《壮美极地》向你展示极地的雄姿；《海战风云》《航海探险》《船舶胜览》为你历数古今著名海上战事、航海探险人物、船舶与人类发展的关系；《奇异海岛》《魅力港城》向你尽显海岛的奇异与港城的魅力；《海洋科教》则向你呈现人类认识海洋、探索海洋历程中作出重大贡献的人物、机构及世界重大科考成果。

新颖独特的编创

本丛书以简约的文字配以大量精美的图片，图文相辅相成，使读者朋友在阅读文字的同时有一种视觉享受，如身临其境，在“畅游”的愉悦中了解海洋……

海之魅力，在于有容；蓝色经济、蓝色情怀、蓝色的梦！这套丛书承载了海洋学家和海洋工作者们对海洋的认知和诠释、对读者朋友的期望和祝愿。

我们深知，好书是用心做出来的。当我们把这套凝聚着策划者之心、组织者之心、编撰者之心、设计者之心、编辑者之心等多颗虔诚之心的“畅游海洋科普丛书”呈献给读者朋友们的时候，我们有些许忐忑，但更有几许期待。我们希望这套丛书能给那些向往大海、热爱大海的人们以惊喜和收获，希望能对我国的海洋科普事业作出一点贡献。

愿读者朋友们喜爱“畅游海洋科普丛书”，在海洋领域里大有作为！

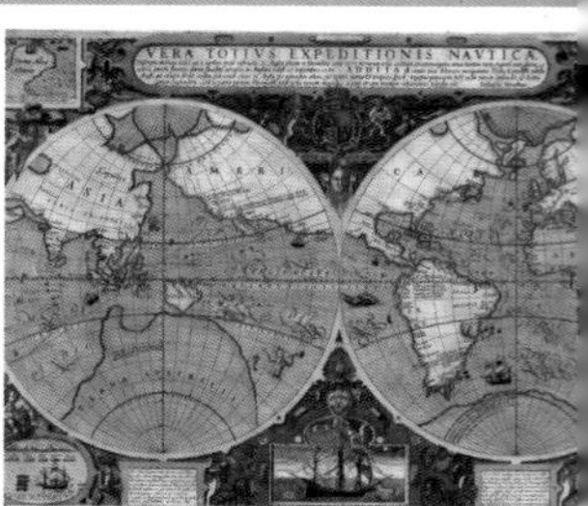

海洋的广袤深邃和神秘莫测，激发着人类的探险精神，吸引着一代又一代航海英雄和探险家。他们为之迷醉、为之痴狂，谱写着壮丽的航海探险的华章。

“一旦涉足海洋，就等于回到早期人类的生活，重新见到没人看过的地球。”这句名言告诉我们，航海探险，便是回溯人类历史，更深刻地了解过去，明白我们究竟是谁、来自何处。

无论是声誉卓绝的航海家，还是赫赫有名的探险者，或是平凡却不平庸的航海爱好者，他们的事迹都堪称传奇，给予我们以深刻的启迪。

你想了解他们的情况吗？那就翻开《航海探险》吧，一个个航海者的故事定会激励你去追求智慧、勇气和毅力。

前言 PREFACE

蓝蓝的海啊，无边浩瀚，无际辽远；

蓝蓝的海天一色，飘来一叶白帆。

波浪哼着欢歌，伴我成长，激情点燃，

向大海深处进发，视野阔达，挑战极限。

心海无域，丰盈的人生实现！

目录
CONTENTS

目
录
CONTENTS

明星航海家

World Famous Navigators

许多伟大的航海家在人类航海史上演绎了无数传奇，他们是不畏艰难、勇于探险的英雄，是智慧与勇气的象征。尽管大航海时代离我们远去了，但他们的精神永远激励我们奋发向上。在人类航海史上，能够尊以航海家称号的，首推郑和、迪亚士、哥伦布、达·伽马、麦哲伦。

郑和七次下西洋

一部前无古人、后无来者的伟大航海史诗，见证了大明王朝的荣耀，其领先世界的航海技术和规模，今天依然令人叹为观止。这一奇迹就是“郑和七次下西洋”。

1405年7月11日（明永乐三年），明成祖朱棣命郑和率领200多艘海船、27400名船员组成的船队由苏州刘家港起航，至1433年，先后出使西洋七次。1433年4月，在最后一次回程经过古里（今印度南部）时，63岁的郑和在船上因病逝世。

郑和七下西洋是世界航海史上的壮举，比哥伦布、达·伽马等西方探险家早了近百年。郑和远航，规模之大，时间之长，范围之广，达到了当时世界航海事业的高峰。

郑和其人

郑和（1371–1433），原姓马，名和，字三保，云南昆阳（今云南晋宁）人，出生于一个信奉伊斯兰教的回族家庭。战乱摧毁了他幸福的童年，年仅10岁便被掳入朝廷做了太监，一直侍奉在四皇子朱棣的身边。后来，燕王朱棣发动兵变，建文帝在一场大火中不知所往。在这场变故中，郑和立下了战功，被赐郑姓，升为内宫太监，官至四品。

为什么下西洋？

朱棣当上皇帝时，大明王朝正处于鼎盛时期，朱棣急于向海外邦交宣扬大明国威，同时暗访建文帝的下落，决定以举国之力支持航海事业。这时，郑和成为统帅人物的首选，因为他不仅忠诚勇敢、值得信赖，而且熟悉伊斯兰文化和礼仪，便于与西方诸国沟通交流。

播撒和平种子的使者

郑和下西洋前后达28年，访问了爪哇、苏门答腊、苏禄、彭亨、真蜡、古里、暹罗、阿丹、天方、左法尔、忽鲁谟斯、木骨都束等（多在今东南亚一带）30多个位于西太平洋和印度洋的国家和地区，最远曾达非洲东岸、红海、麦加，并有可能到过美洲。

每到一地，郑和赠给各国国王厚礼，以示友好，随行官员则记录见闻。船队带去大量丝绸、瓷器、铜器、金银等，其中，瓷器最受欢迎，至今作为艺术珍品陈列于多国博物馆。

回航时，各国派使者同来，并带珍宝特产朝贡明朝皇帝，主要有胡椒、乳香等香料以及波斯马等。明成祖迁都北京庆典时，国外使者纷纷前来祝贺，一只朝贡的长颈鹿引起了极大关注，被中国人命名为“麒麟”，与龙、凤、龟同称“四大神兽”。

有史学者称：“郑和时代的中国，则是真正承担了一个文明大国的责任：强大却不称霸，播仁爱于友邦，宣昭颁赏，厚往薄来。”

宝 船

在只有传统手工艺的明朝，建造一支庞大的船队到远海中搏击风浪，是一件了不起的事情。当时，我国以南京为中心的区域设立巨大的造船厂，全民皆工，以高超的智慧和技艺建造了200多艘大型木帆船。

据《明史·郑和传》记载，郑和船队中有大型“宝船”63艘，最大的长44丈4尺，宽18丈，是当时世界上最大的海船，1明尺为0.317米，折合现代公制单位长约140米，宽约57米。船有4层，9支桅杆可挂12张帆，锚重有几千斤，要动用200人才能起航，一艘船可容纳千人。《明史·兵志》又记：“宝船高大如楼，底尖上阔，可容千人。”

船队另有“马船”、“粮船”、“坐船”、“战船”4种船，有的用于载货，有的用于运粮，有的用于居住，有的用于作战，分工明细，专船专用。

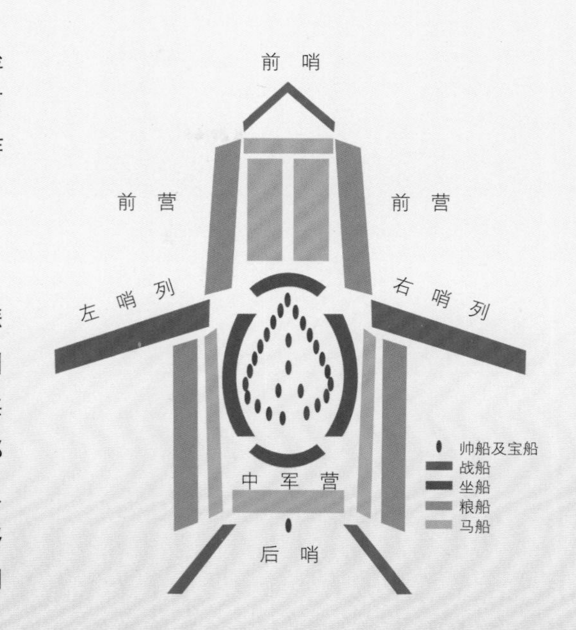

《郑和航海图》

撰写《中国科技史》的英国的李约瑟博士认为：“明代海军比同时代的任何亚洲和欧洲国家都出色，以致所有欧洲国家的海军联合起来，都无法与明代海军匹敌。”郑和是如何调度这样一支数百艘舰船、上万人的远洋舰队的呢？《郑和航海图》或许能够解开这一谜底。原图是手卷式，由明代晚期作者茅元仪收录在《武备志》中，改为书本式，自右而左有图20页，共40幅，最后附“过洋牵星图”二页，海图记载了530多个地名，其中外国地名300个，最远的东非海

岸有16个，标出了城市、岛屿、航海标志、滩、礁、山脉和航路等。

根据《郑和航海图》，郑和主要借助天文、地理知识，白天用海道针经（24/48 方位指南针）导航，夜间用过洋牵星术(天文导航)保持航向。另外，船队白天以约定方式悬挂和挥舞各色旗带，组成旗语；夜晚以灯笼反映航行时情况；遇到能见度差的雾天、雨天，配备的铜锣、喇叭和螺号也用于通讯联络。

爪哇事件

1406年6月，郑和第一次下西洋，到达爪哇岛上的麻喏八歇国。当时，这个国家的东王、西王正在内战，郑和的船员上岸到集市做生意，被西王麻喏八歇王认为是东王援军而误杀，死170余人。

郑和部下的军官纷纷请战，按常情必然会发生一场大规模战斗。西王十分惧怕，派使者谢罪，要赔偿6万两黄金。然而，郑和得知这是一场误杀后，鉴于西王请罪受罚，于是请示皇朝和平处理。明王朝决定放弃麻喏八歇国的谢罪赔偿，西王十分感动，两国从此和睦相处。

郑和舰队无疑是当时世界上最强大的海军，每次下西洋人数都在2万人以上。七下西洋的28年中，真正意义上的战争只有两次，而且是被迫进行的防卫作战，其中一次是击败劫夺船队的锡兰王亚烈苦奈儿，另一次是捕获海盗陈祖义。

郑和在处理“爪哇事件”中，不动用武力，不要赔偿，充分体现了“以和为贵”的中国传统礼仪，以及“四海一家”、“天下为公”的中华文明。至今，爪哇岛人民谈及此事，都十分敬佩，认为郑和保持了极大的克制，以理服人，对邻国和平共处，使两国人民的传统友谊源远流长。

中国航海日

1405年7月11日是郑和下西洋的首航日期，这一天对我国航海事业具有重要的历史意义。经国务院批准，从2005年郑和下西洋600周年的纪念日开始，每年7月11日被确立为中国“航海日”。这是对中国航海文化的传承，也是对中华民族精神的发扬。

中国是世界航海文明的发祥地之一。郑和下西洋，比哥伦布发现美洲新大陆早87年，比达·伽马打通印度航道早98年，比麦哲伦环球航行早116年。郑和的航海事迹已经超越国界，为世人所称颂。

迪亚士：成名“风暴角”

1488年，西方航海家走上了地理大发现的舞台，葡萄牙的迪亚士发现了“好望角”——这个非洲最南端的岬角，打开了欧亚大陆之间的海上通道。

巴托罗缪·迪亚士（Bartholomew Diaz，约1451—1500），葡萄牙著名的航海家。1488年春天，他率领探险队发现了非洲最南端的一个岬角，并将其命名为“风暴角”。回国后，葡萄牙国王若奥二世为了庆祝这一发现，将“风暴角”改称为“好望角”。

这一发现为后来的葡萄牙航海家达·伽马开辟印度新航线奠定了坚实的基础。苏伊士运河开通之前，好望角航线一直是欧洲人前往东方的唯一海上通道。如今，好望角一带成为南非国家公园，一草一木都保持了天赐的自然状态。

源起小小胡椒粒

在冰箱还没有发明的年代，欧洲人储藏食物主要依赖于香料，所以来源于东方的小小胡椒价值甚高。但是，香料、珠宝等贸易长期控制在从事陆路运输的阿拉伯商人手中。为同东方进行贸易往来，欧洲人不得不付出昂贵的代价，他们迫切需要从海上开辟一条通往亚洲的直接贸易通道。

与此同时，葡萄牙作为西欧的滨海小国，多年战争使国民承受贫苦；作为欧洲较早独立的民族国家，王室决心大力支持航海事业，从海上拓展生存空间。

约1451年，迪亚士出生于葡萄牙贵族世家，青年时代就喜欢海上探险活动，曾随船到过西非的一些国家，积累了丰富的航海经验。因此，迪亚士受国王若奥二世委托，寻找非洲大陆的最南端，开辟一条通往东方的新航路。

经过10个月准备，迪亚士率两艘轻帆船和一艘补给船，于1487年8月从里斯本出发，沿着非洲西海岸向南驶去。

风暴中的航程

航行开始非常顺利，很快到达了非洲西南海岸中部，但是，海岸线迅速模糊起来。为了加快航速，经验丰富的迪亚士下令影响整个船队航行速度的补给船先行返航。

不久，船队在一个岬角处遇到了一场大风暴，咆哮的海浪迎面扑来，把落帆后的船只向西推入了大西洋，因为看不到陆地，船员们不知道自己身在何处，害怕会从地球的边缘滚下去。

船只在海上飘荡了三天三夜后，风暴终于平息下来，迪亚士立即命令掉头向东驶去，行驶了许多天，他们指望能到达非洲海岸，但是没有成功。迪亚士认为他们可能越过了非洲南端，于是决定改向北方行驶，几天后终于在莫塞尔湾登陆，这一地点在现在人们熟知的好望角以东320千米处。

错失改写历史的机会

这时，迪亚士发现，海岸线缓缓转向东北，向印度方面伸展过去。他确信，船队已经绕过了非洲最南端，并且进入了印度洋，只要继续向东航行，就一定可以到达神秘的东方。

迪亚士想继续前进，但是船员们已经十分疲倦，强烈要求返航，而且粮食和用品也所剩无几。于是，他怀着极大的遗憾，下令船队返回葡萄牙。

如果迪亚士能够继续前进，他将成为打开东西方海上贸易第一人，但是历史拒绝假设。迪亚士的这一决定，让历史的重大机遇留给了随后开通印度贸易航路的达·伽马。

返航中的发现

返航途中，迪亚士又一次经过遇到风暴的那个岬角，此时，正值晴空丽日、风平浪静。望着这个隐藏了多个世纪的壮美岬角，迪亚士感慨万千，为了纪念首航时的惊险经历，便将其取名“风暴角”。这一发现证明了大西洋和印度洋的水是相通的，世界航海探险活动从此步入高峰期。

“好望角”的由来

1488年12月，迪亚士回到里斯本，向若奥二世报告了整个航海过程，国王非常高

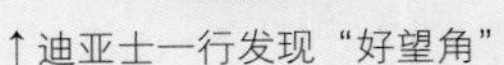

↑迪亚士一行发现“好望角”

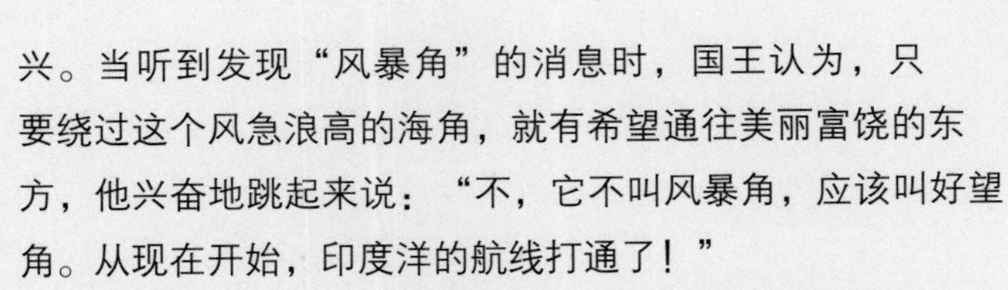

兴。当听到发现“风暴角”的消息时，国王认为，只要绕过这个风急浪高的海角，就有希望通往美丽富饶的东方，他兴奋地跳起来说：“不，它不叫风暴角，应该叫好望角。从现在开始，印度洋的航线打通了！”

自此，葡萄牙的航海事业迅猛发展，很快成为海上第一强国，香料、黄金、奴隶等掠夺式贸易，让葡萄牙进入前所未有的鼎盛时期。随后，西班牙王室也对航海探险倾注了极大热情，葡西两国之间的海上争霸拉开了序幕。

迪亚士献身大海

好望角是一条细长的岩石岬角，长约4.8千米，它三面环水，大西洋和印度洋在此交汇。海面开阔，数千千米海面上没有挡风的陆地，风速最高可达120千米/小时，当夏秋季的西风带、冬春时节的东南季风到来时，惊涛骇浪令人望而生畏，心惊胆战。尽管迪亚士绘制了较为详尽的航海图，但10年之内，没有人敢问津这段狂暴的海域。

迪亚士继续默默地进行着海洋探险的壮举，直到1500年5月，一支13艘船的探险队在巴西海岸航行时，4艘船只不幸失事，其中一艘的船长就是迪亚士。有史学家感慨：“他们被抛进了汪洋大海，成了海中鱼类的食物。我们相信，他们是这里第一批葬身鱼腹的人，因为他们是在从没有人知晓的区域里航行。”

哥伦布：开启地理大发现新时代

西班牙和葡萄牙在海洋探险中的竞赛不断升级，借此契机，一名游走各国的探险家在取得西班牙王室的信任后，率船队向西横渡大西洋，幸运地发现了美洲大陆，被史学家定义为“地理大发现”。他就是哥伦布，世界航海史上大名鼎鼎的航海家。

克里斯托弗尔·哥伦布(Christopher Columbus，1451—1506)，意大利热那亚人。1492年，哥伦布代表西班牙发现美洲新大陆，作为航海大事件被载入史册。他大器晚成。早年间，他承受了许多挫折，因为坚忍不拔，最终取得荣誉。但是，他贪婪骄傲，热衷于掠取黄金证明自己的价值，终因王室政治几度陷入困境；他固执己见，一直误认为自己到达了印度，却茫然不知这一航海发现的真正意义。

王室的眷顾

当时流行的《马可·波罗游记》中的描述让哥伦布痴迷于富饶的东方，他认为："黄金值得追求，黄金的力量可以把灵魂从地狱中救出，也可以把灵魂送到天堂。"

尘封了1200多年的古希腊天文学家托勒密的世界地图中，非洲和东南亚大陆连在一起，印度洋是非洲和亚洲包围的内海。哥伦布对此深信不疑，他认为绕道非洲进入印度洋是不可能的，相反，向西航行是到达印度群岛更短的航道，也是唯一的航道。

↑哥伦布接受女王夫妇接见

先后有8年时间，哥伦布不断向热衷于开拓海上事业的葡萄牙国王游说这一观点，希望得到航海赞助，但是一直遭受拒绝。

1492年1月，英勇的西班牙女王伊萨贝拉一世率领十万大军，收复被摩尔人控制8个世纪之久的格拉纳达，西班牙重获统一。政局稳定后，国力发展成为头等大事，王室将目光投向了潜力无限的海洋。

哥伦布得知这一消息后，晋见女王夫妇寻求航海支持，他陈述“地圆说”理论，表示向西航行可以到达东方，获取巨大的贸易利益。

1492年4月17日，西班牙王室与哥伦布签订了一项具有历史意义的协议，哥伦布被任命为海军上将和宫廷贵族，将拥有航海探险中获取财富的十分之一，并将拥有所开拓殖民地贸易利润的八分之一。

41岁的哥伦布终于等到了梦寐以求的机会。

西行“东土”记

1492年8月3日，哥伦布怀揣梦想，率领“圣玛利亚”号、“尼亚”号、“平塔”号三艘帆船，以及一支不到90人的队伍，从西班牙帕斯洛港起航了。

哥伦布的航海目标是，向西，向西，穿越大西洋到达印度、中国，带回大量香料、黄金，并因此获得荣誉和地位。他还随身带着西班牙国王致中国大汗的信，却不知道，中国已不再是马可·波罗笔下的元代，而是日新月异的大明王朝了。

“圣玛利亚”号

身世之谜

从一个不起眼的意大利纺织工到美洲新大陆的发现者，哥伦布的传奇人生一直被人们所津津乐道，然而一项最新研究却颠覆了人们之前对其出身的普遍认识。美国杜克大学研究人员努埃尔·罗萨在其新书中指出，哥伦布并不像是人们所想的那样，出身于意大利热那亚一个低下的工匠家庭，而是一位尊贵的王子，他的父亲正是遭流放的波兰国王非拉迪斯拉夫三世。罗萨进一步解释道：哥伦布之所以能说服西班牙国王资助他的大西洋航海之旅，也是因为他的王室背景。他一直对自己的出身讳莫如深，是为了保护自己的父亲。

哥伦布先是沿着非洲西岸向南行驶，小心避开了北大西洋强劲的季风。在加那利群岛休整试航后，9月6日，他命令船队向西。他认为，加那利群岛和日本国在同一纬度上，直接西行可以顺利到达日本。

不久，船队驶入了一片碧绿的“大草原”，风平浪静，仿佛那里是一个死寂的世界，原来那里是北大西洋环流的中心，一种叫做“马尾藻”的海草疯长繁殖，覆盖了方圆数百平方千米的海面。帆船借不到风力，也借不到流速，水草缠绕着桨，船队举步维艰，船员们陷入恐慌。

19天后，他们终于逃离这片魔鬼海域，前方依然茫茫无际。为了不让船员们丧失信心，哥伦布假造了航海日记，他每天记下的里程比实际的航行距离总是少很多。以至于有的水手提出疑问：已经航行了这么多天，为什么还没有到达日本呢？

10月9日，失望的水手从私下抱怨发展到了公开对抗，他们强烈要求返航，停止这次没有希望的航行，但哥伦布说谁要是反对，就把他扔到大海里去。

哥伦布沉着应对，发表了一次演讲："我原谅你们的烦躁和不安，因为我自己也尝够了焦虑和孤独。我们脚下，简直是一片蓝色的沙漠，从来没有人能够忍受如此长时间的煎熬，你们都是勇士。返航，也是我的愿望。但是，先生们，现在返航我们将一无所有，我敢保证几天内就会发现陆地和黄金。再过7天，如果到达不了陆地，我们一定会返航。"

一场哗变暂时解决了，哥伦布调整了一下航向，朝西偏南航行。10月11日，几只信天翁飞来，海浪送来了一根有树叶的枝条，一根开满花朵的树枝和一块好像人工砍凿过的木头……种种迹象表明，航船向陆地靠近了。10月12日凌晨，一名水手突然高喊起来：陆地，陆地！

曙光乍现，他们到达了一个生长热带森林的海岛。哥伦布激动万分，把这个岛命名为"圣萨尔瓦多"，意思是"神圣的救世主"。这是他一生中最辉煌的日子，哥伦布以一个新大陆发现者的身份被载入航海史册。

10月12日，这一伟大的日子，后来成为西班牙的国庆日。

征服与背叛

哥伦布首次登陆的地方，是美洲佛罗里达外缘，呈弧形展开的巴哈马群岛中的一个小岛。由于地理认知的局限，他一直认为自己发现的是印度群岛，并把这里的土著居民叫做"印第安人"。

初到美洲，哥伦布受到土著们迎接天神般的欢迎，他身着海军上将的制服，高举西班牙王室的旗帜，以总督的身份宣布占领这个小岛。善良、质朴、贫乏的印第安人给船员们留下了深刻印象。他们拿出吃的喝的热情招待船员们，还送来一些大有用途的枯黄叶子作为礼物，这就是后来风靡却又毒害全球的烟草。

1493年1月16日，哥伦布带着一点少得可怜的黄金、大量特产和六个印第安人，作为地理发现的证据启程回国。而搁浅滞留的旗舰“圣玛利亚”号、39名志愿者和大炮辎重，则留在了那里。

3月15日，经历多次大风暴的“尼亚”号已破烂不堪，绕经亚速尔群岛、葡萄牙海岸之后，终于回到了出发时的帕斯洛港。戴着金首饰、插着多彩羽毛的印第安人和前所未见的动植物，引起了欧洲人的轰动。

哥伦布受到隆重欢迎，被西班牙王室封为海军司令和新发现陆地的总督，他的成就和声誉一时传遍欧洲。

为了继续航海，他欺骗王室说，这次航行已经离中国海岸不远，只要多给一些赞助，黄金、香料、棉花和奴隶等要多少就有多少。

1493年9月25日，哥伦布的第二次探险从加的斯港出发，这次他带了17艘大帆船和2000名左右的船员。在加勒比海发现了多米尼岛、瓜德罗普岛、圣克罗伊岛等之后，带着没有发现黄金的遗憾，他们回到了海地岛。

令人震惊的是，此前建立的殖民地荡然无存，原来，留守人员凭借武器和堡垒无恶不作，被激怒的印第安人奋起反抗，驻留的船员被一一杀死。哥伦布迅速重建了一个以女王命名的殖民点“伊萨贝拉”，并开始了一场血腥的屠杀。9个月后，印第安人全线溃退，残存的土著或背井离乡逃进深山老林，或被俘沦为奴隶，还有一部分染上了欧洲人带来的天花悲惨地死去。50年后，海地岛土著居民全部灭绝。

残忍无知的哥伦布运回西班牙很少的黄金、铜矿、木材和奴隶，与王室的投资相比微不足道。因此，1498年5月30日出发的第三次探险，只得到6艘帆船和300多名由苦役犯组建的船队。这一次航线靠近赤道，6月30日发现了一个命名为“特立尼达”的大岛，继而进入横贯南美委内瑞拉的奥里诺科阿河的河口，南美大陆进入了欧洲人的视线。

随后，海地岛发生了白人暴动，移民生活艰苦，很多人联名告发哥伦布管理无能。同时，达·伽马抵达印度的消息传来，那里有王宫建筑、香料、宝石，是真正的繁华宝藏。相比之下，哥伦布发现的只是赤裸的原始人和无名荒岛。

1500年，王室任命了一位新总督，接管了哥伦布的要塞和船只，没收了他的房产和财物，并将他戴上镣铐押送回国。

英雄末路

哥伦布毕竟开辟了西方航线，是可以与葡萄牙东方探险者竞争的西班牙英雄，公众和舆论给予了他深刻同情。人们把哥伦布发现的群岛叫做“西印度群岛”，认为达·伽马到达的东方是“东印度”。女王也感到内疚，下令释放了哥伦布，答应恢复他海军上将的职权，并归还他的财产。

顽强的哥伦布陷入了沉思，他相信，一定有海峡可以穿越“西印度”，到达马来半岛后横渡印度洋，之后可以绕过非洲到达欧洲。他请求王室，进行一次环球航海式的新探险。

1502年，哥伦布的第四次远航开始了，船队由4艘帆船、150多名船员组成。他们沿着海地岛、牙买加岛向西航行，依然无法找到巨额黄金。1504年11月，哥伦布黯然回到西班牙，永久地结束了他的航海生涯。

哥伦布心力交瘁、贫病加身，随着女王伊萨贝拉的去世，他也丧失了东山再起的希望。1505年，国王下令查封和变卖哥伦布的财产，以便偿还他的债务。1506年5月20日，他在寂寞中与世长辞。

尽管哥伦布一生坎坷，他的航海成就却意义非凡。他是史载横渡大西洋第一人，他是欧洲发现美洲大陆第一人，他发现了加勒比海的主要岛屿。后来，沿着这些足迹，欧洲人征服了墨西哥、秘鲁和安第斯山脉，成堆的黄金和白银流入欧洲，哥伦布的价值才被重新发现。

正如哥伦布临终前的感言："有人将会到达'大汗'的陆地，但我用我的力气，为他们推开了大门。"

"漂流瓶"的故事

1493年2月12日，哥伦布在首航美洲的返程中，大西洋发生了巨大的风暴，他乘坐的"尼亚"号与"平塔"号失去了联系，帆船像一只玩具在风浪中翻转折腾，或久久地沉入浪谷，或奇迹般出现在峰尖，不断给船员们带来恐惧。

一向勇敢的哥伦布也有些胆战心惊，他不只担心自己的生死，更担心自己的发现被沉入大海。他拿出一张羊皮纸，忍受颠簸写下了已经发现的一切，并留言恳请，要是谁捡到这张纸，就请呈送给西班牙王室。他把羊皮卷放进防水的蜡布，再装进一个坚固的小木桶里，然后郑重地投向大海，让它在大海中随波逐流。

令人惊奇的是，这只漂流木桶，一直在大海中漂流了359年，直到1852年才被一个美国船长在直布罗陀海峡发现。

达·伽马：开辟印度贸易航道

不同于郑和下西洋的和平交流，欧洲人的航海目标主要是掠取财富。15世纪以来，西欧各国商品经济发展迅速，需要大量黄金扩充资本和铸造货币。《马可·波罗游记》传开后，东方包括中国，被欧洲人看做黄金遍地的“人间天堂”。渴望到东方实现黄金梦，成为许多探险家的直接动力。真正首次实现这一目标的，是1498年到达印度的葡萄牙航海家达·伽马。

瓦斯科·达·伽马（Vasco da Gama，1469—1524）是一位葡萄牙探险家，也是历史上第一位从欧洲航海到达印度的人。

达·伽马性情刚毅，行事果断，富有外交和谈判技巧，对待殖民地人民和敌人心狠手辣。他打通东西方海上通路，摧毁了阿拉伯人、热那亚人和威尼斯人的贸易垄断，为葡萄牙赢得了海上霸权并敛取了大量财富，最终，他获得了印度副王的荣誉和权势。

天降大任于斯人

1469年，达·伽马出生在葡萄牙港口城市锡尼什，从小喜欢出海，他的父亲和弟弟都是航海探险的爱好者。19岁时，迪亚士发现非洲好望角，达·伽马决心向英雄学习，拟定了一个航海计划，并期待机会的到来。他青年时代参加过葡萄牙与西班牙的战争，后来到宫廷任职。

1495年，26岁的曼努埃尔一世当上葡萄牙国王，他是若奥二世的远房亲戚，由于意外继承成为"幸运之王"。曾经，国王若奥二世1488年派迪亚士发现好望角后，计划再次派船队东航印度，可是哥伦布等人宣传向西横渡大西洋可以更快地到达印度，使国王产生了疑虑。后来，哥伦布到达的地方不是印度，葡萄牙王室决定继续东航寻找印度通道。

新上任的曼努埃尔一世对打通印度航路志在必得，决定选择忠诚、老练的家臣作为航海领导人。达·伽马脱颖而出，他兼具船长和外交家的才干，冷酷、勇敢又目光远大，这是同粗俗水手和傲慢君主打交道所需要的特质。

1497年7月8日，达·伽马率领探险队从里斯本港口出发了，船队由两艘方桅船、一艘三角轻帆船和一艘远输船组成，船员近170人。他还携带了食品和用做交易的玻璃珠、铜铃铛、帽子、条纹布等商品，以及大炮和弹药。

达·伽马航线

船队沿着非洲西海岸向东南方向驶去，经过加那利群岛，到了大约北纬5°的地方，达·伽马突然作出了一个富有想象力的决定，他要求航船离开非洲海岸，向西南方向行驶。那是茫茫无际的大西洋海域，两个月过去了，船员们不知所措，然而达·伽马坚定不移，因为他不仅具有敏锐的判断力，而且能够接受前辈的经验教训，随之将其转化为创造性的天才行动。

为什么东航印度的船只突然转向，沿着哥伦布航行过的路线驶向西南？难道达·伽马也像哥伦布一样，认为向西能够更近到达印度吗？原来，从迪亚士探险好望角的艰险中受到启

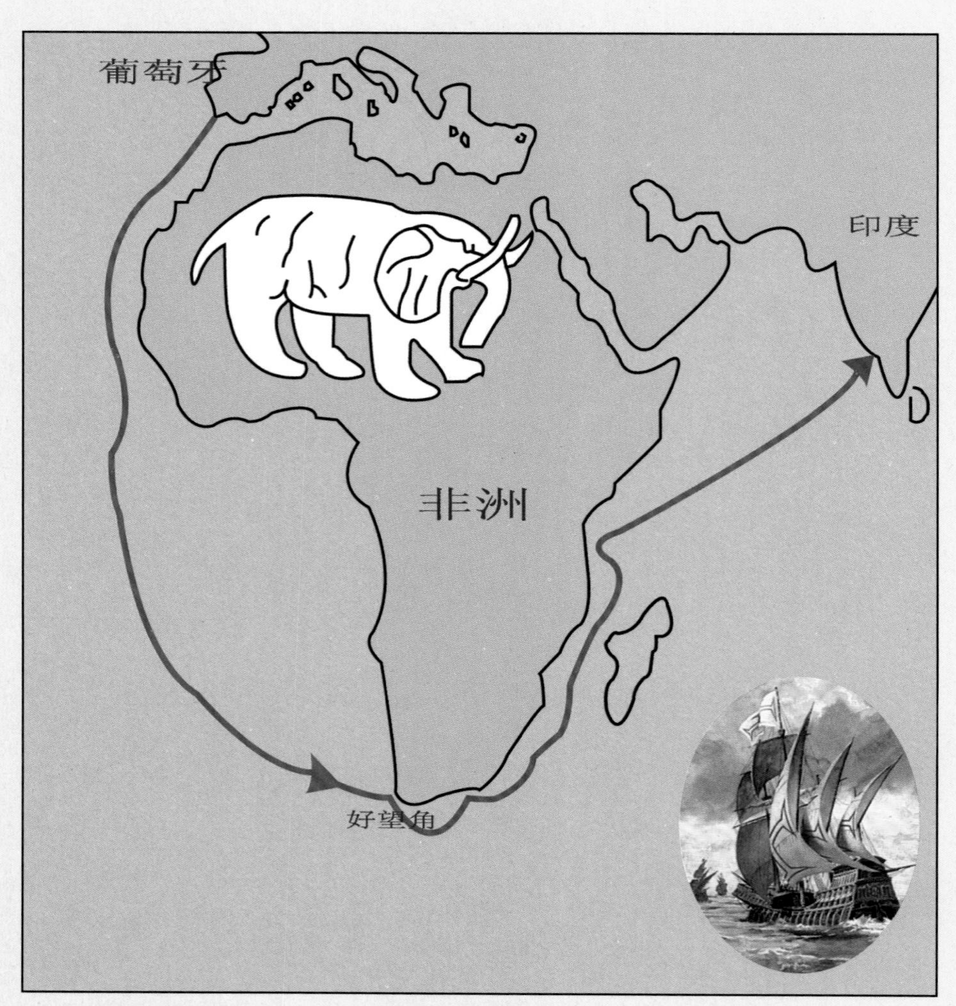

↑达·伽马1497年8月航线

发，又结合哥伦布第二次横渡大西洋到达南美洲的记录，达·伽马试图寻找一条遵循大洋规律的安全航程。

船队不知行驶了多久、多远，有史学家推测，他们已经到达了南美洲巴西附近的海域。他们不仅成功地避开了几内亚湾的无风带和危险海流，避开了非洲近岸的逆流和逆风，而且成功地利用了南太平洋的西风漂流。当西风吹起，达·伽马立即命令船头一转，顺风顺水地驶向东方，不久他们到达了好望角北部的圣赫勒拿湾，航期93天。

船队在大西洋中划出了一道美丽的弧线，后人称之为“达·伽马”航线。在无机械动力的帆船时代，这是一条航海人必须遵循的经典航线。从此，“魔鬼之域”好望角可以被轻松穿越。

首航印度

他们在好望角附近的牧人港短暂休整，用几顶红帽子和衣服就巧言换取了一只肥羊和几串象牙手镯。

之后，船队沿非洲东岸向北到达莫桑比克，这里是阿拉伯人控制的贸易城市，当头领得知他们是基督徒而不是信奉伊斯兰教的穆斯林时，亲善变成了敌对。达·伽马炮击了对方的城堡，抢夺了淡水和港口商船的财物，然后继续北行。

1498年4月7日，达·伽马来到蒙巴萨，再次遭遇冲突。4月14日，他到达马林迪海湾，与蒙巴萨为敌的马林迪国王热情接待了他，并派出一位名叫马德内德的优秀领航员帮助船队。5月19日，印度贸易名城“卡利卡特”出现了，这也是郑和多次到达的地方“古里”。今天这座城市名叫“科泽科德”。

这里是当时印度半岛最大的通商口岸，货栈沿码头一线排开，商品琳琅满目，有胡椒、丁香、肉桂、樟脑，有金银、玛瑙、宝石，有芒果、柠檬、椰子、香蕉，还有中国的瓷器、丝绸……东方商人和阿拉伯商人讨价还价，街道上有伊斯兰教徒和佛教僧侣，还有开屏的孔雀、悠闲的大象，一派异域风情。

葡萄牙船队的到来，不仅让印度人惊讶，更让阿拉伯商人恐慌。达·伽马为卡利卡特国王准备了一份礼物：条纹布12匹、红呢披肩4条、帽子6顶、珊瑚4串、金属锅6个、橄榄油2桶、蜜糖2桶。印度王公可不像非洲土著那样容易被蒙骗，这份寒酸的礼物受到了嘲笑。

阿拉伯商人担心欧洲人的贸易竞争，不失时机地唆使国王冷落他们。达·伽马在当地贸易中，只用铜、水银、珊瑚换取了少量廉价的香料。两个月过去了，他们准备离开时，被要求缴纳很多关税，否则将被扣押货物和船员。

野蛮外交

达·伽马果断采取行动，立即绑架6名印度贵族作为人质，船只和人员安全驶离海岸。1498年8月29日，船队离开了卡利卡特，并没有放回全部人质，因为他认为人质比货物更重要。

1499年8月底，达·伽马终于回到了葡萄牙里斯本，受到了英雄般的礼遇，170名船员只有55名生还，带回的丝绸、香料、象牙却获得了60倍的利润。

1502年，达·伽马再次从里斯本出发，这次他船队的战斗力比上次强大，达·伽马决心把卡利卡特变成葡萄牙的殖民地。于是血腥的掠夺开始了。航行到印度附近海域时，他们袭击了一艘阿拉伯商船，洗劫了价值两万多枚金币的财物，400多名船员和乘客被全部杀害。10月底，他们炮轰卡利卡特，逼迫国王投降。

欧洲人在亚洲海域建立了第一支海军，他们巡航于亚丁湾附近，专门抢劫过往的商船。1510年，葡萄牙人占领印度重镇果阿，屠杀了数千名平民，把这里定为殖民地首府。1524年，达·伽马被任命为印度副王，同年死于印度的柯钦。

海上霸权之争

葡萄牙牢牢控制了东西方贸易的海上航线，成为16世纪最强大的海上王国。同时，西班牙不断有探险队纵横在大西洋中，远征美洲大陆的活动如火如荼。

为了避免海上纠纷，在教皇的主持下，葡西两国在1494年6月7日签订了《托尔德西利亚条约》，在佛得角群岛以西370里格（约1776千米）处画了一条南北走向的分界线，以东海域属于葡萄牙，以西海域属于西班牙。

在近一个世纪里，葡萄牙开辟了50多个殖民点，成为当时的海上贸易强国，仅香料贸易额就从最初的22万英镑迅速提高到230万英镑。而统治美洲大陆的西班牙，在1502年至1660年之间，就掠夺了18600吨白银和200吨黄金，占当时欧洲金银总产量的83%。

达·伽马PK哥伦布

虽然哥伦布因为发现美洲大陆而声名远扬，但是从现实意义上，依然无法与达·伽马所取得的成就相媲美。哥伦布宣称寻找印度金矿，却只到达一些荒岛抢夺印第安人的私产。达·伽马的目标清晰，他到达印度，得到了富饶东方的香料和珠宝，并成功打破了阿拉伯商人对东方贸易的垄断。

哥伦布的首航非常顺利，行程4600千米用时36天，失去耐心的船员们却进行了一次威胁很大的哗变。达·伽马在2万千米航程、319天航期中指挥自如，部下精诚团结，沿途与穆斯林统治者周旋，与阿拉伯商人、印度贵族斗智斗勇。两相比较，高下立见，唯一相同的，是殖民统治者侵略和贪婪的本性。

麦哲伦：
人类首次环航证明“地球是圆的”

在世界航海史上，是谁用事实证明了“地球是圆的”？又是谁首次横渡太平洋，证明地球表面大部分是海洋而不是陆地，进而证明世界的海洋不是相互隔离，而是统一的水域？环球航海第一人，并为这一伟大事业献出了宝贵的生命，他就是麦哲伦。

斐尔南德·麦哲伦（Ferdinand Magellan，1480—1521），葡萄牙人，却代表西班牙领导了伟大的环球航海大事件。从1519年9月20日到1522年9月5日，航期1080个昼夜，出航时有5艘帆船和265名船员，但最后只有18位幸存者和一艘破船回到了西班牙，麦哲伦本人也永远留在了菲律宾的马克坦岛。

不屈的命运

1480年，麦哲伦生于葡萄牙沙布洛扎一个衰落的贵族家庭，幼年做过王室的童仆，不到16岁就成为一名士兵；之后，在航海部门学到许多知识，多次随船队去印度远航。他征战多年，重伤三次，却一直是个上尉。

36岁时，在与摩洛哥一次战斗中受伤成了瘸子后，生活困难的麦哲伦请求国家增加抚恤金，却遭到了拒绝。他又请求准许自己率领一支船队去东印度群岛，也没有得到恩准。贫病交加的麦哲伦没有丧失斗志，受到哥伦布事迹的启示，他开始了环航地球的伟大计划。

军人和船员的经历，让他掌握了操纵帆船的本领，能够熟练使用罗盘、海图等各种仪器，他还可以正确地观测天文星座，同时拥有丰富的军事技能，并能够灵活操纵火炮。麦哲伦并没有急功近利，他花费一年多时间广泛查阅航海资料，自制了一个地球仪，在上面画出了设想中的环球路线。

然而，当麦哲伦告诉国王曼纽尔这一宏伟计划时，葡萄牙王室认为已经控制了东方贸易，没有必要再去开辟新航路了。他屡次遭受祖国冷遇后，于1517年秋天来到了西班牙。

1518年3月18日，西班牙国王查理一世接见了麦哲伦。他呈上了那个彩色的地球仪，并热情洋溢地游说："国王陛下，地球一定是圆的，大海的尽头并不是黑暗的深渊。盛产香料的群岛之国在地球分界线的西班牙这边，而向东航行的葡萄牙已经到达了那里。我们为什么不能向西航行，在大西洋和未知大洋之间的新大陆上穿越一条海峡到达中国和印度，夺回属于自己的利益？"

急于和葡萄牙海上竞争的国王同意了这一设想，下令提供船只、船员、粮食和武器，全力支持这次探险行动。西班牙王室与麦哲伦签署了一个协议，任命他为一切新发现陆地和岛屿的总督。

↑占领新岛屿

一夜之间，麦哲伦成为西班牙海军上将，终于掌握了自己的命运，可以统率一支船队追求梦想了。

艰险的起航

1519年9月20日，麦哲伦率领5艘帆船从塞维利亚港出发了，船的名字分别是旗舰“特立尼达”号、“维多利亚”号、“圣安东尼”号、“康赛普西翁”号和“圣地亚哥”号，随行的265名船员带有长刀短剑，还配备了火枪、火炮；除了水和食物，也搭载了数量可观的货物。

12月13日，船队顺利到达巴西的里约热内卢。休整两星期后，他们绕过乌拉圭东南的圣玛丽亚角，来到了拉普拉塔河口，沿水道航行两天后进入淡水区。他们大失所望，只能返回海岸继续寻找那条穿越美洲大陆的海峡。

冬季来临，航行越加艰难。1520年3月，船队经过南美的圣马提阿斯湾后，进入南纬40°一个平静海湾过冬，麦哲伦称之为“圣胡利安港”。

这期间，一场叛乱发生了。由于长时间找不到海峡，食物稀缺开始定量供给，船员们情绪非常低落，许多人要求返航，两位船长想趁机夺取船队指挥权。4月2日清晨，麦哲伦一觉醒来，发现有3艘船已经被叛乱者控制。他临危镇定，机智处置了领头的船长，并宽恕了随从的船员。麦哲伦威信大增，在精心安排下，船队平安地度过了南半球的严冬。

麦哲伦海峡

5个月后，春回大地，船队向西南航行。1520年10月21日，他们在南纬52°附近发现了一个海峡，麦哲伦担心又是淡水河入海口，派出两艘船前往探航。4天后，好消息传来，他们找到了真正的海峡。

这条人迹罕至的大峡谷，位于南美洲南端和火地岛、克拉伦斯岛、圣伊内斯岛之间，东西长580千米，东接大西洋，西连太平洋，是联通两大洋之间的重要航道，被命名为“麦哲伦海峡”。

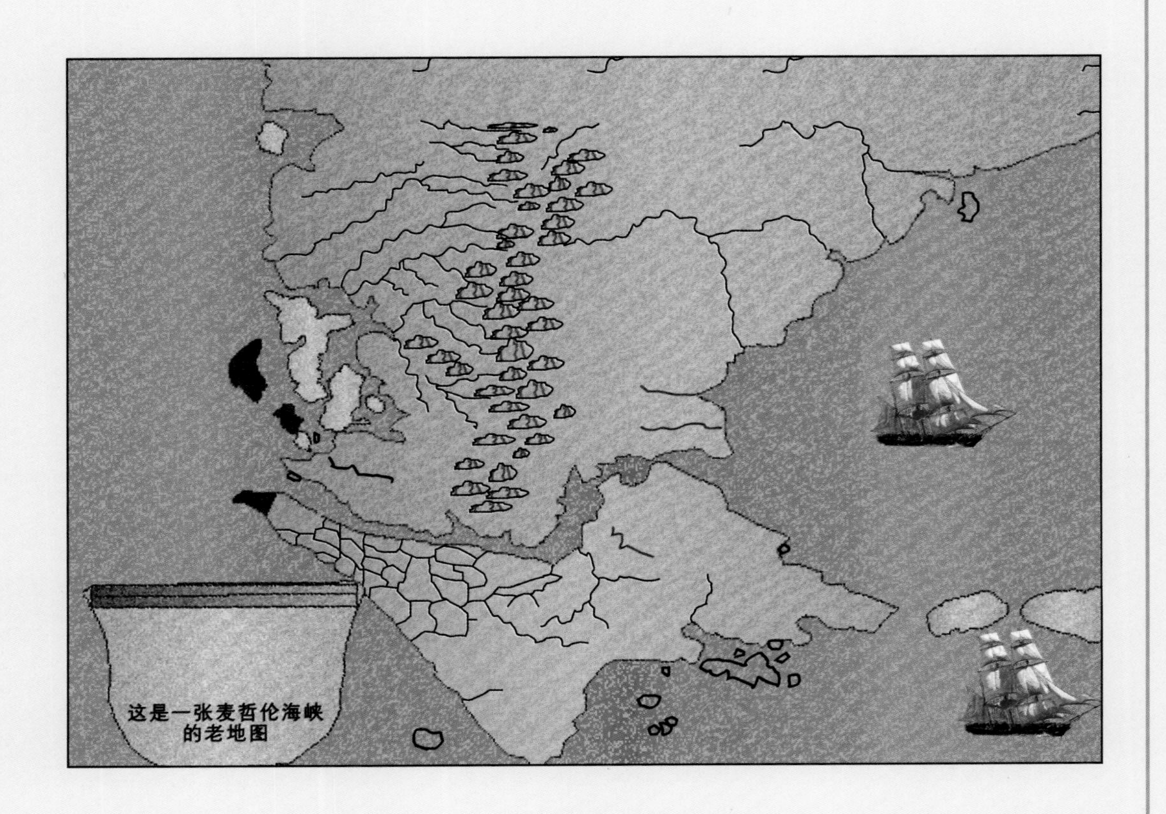
这是一张麦哲伦海峡的老地图

海峡迂回曲折、地形险恶，小岛、浅滩、支流错综复杂，不时有狂风巨浪，对航海技术是一个极大挑战。船非常笨重，船员们疲惫不堪，有一艘派出的探航船望而却步，偷偷驶回了西班牙；麦哲伦还以为发生了事故，四处寻找它白白浪费了3个星期的时间。由于叛逃船只带走了大部分供应品，接下来的航程更加艰难，麦哲伦毫不动摇，继续前进。

1520年11月28日，船队终于穿越海峡，进入了一个浩渺平静的大洋，这是麦哲伦一生中最伟大的时刻。他告诉随行的伙伴们："我们正驶向一个未知的海域，但愿它永远像今天早晨这样平静。为此，我将命名这个大洋为'太平洋'。"

"太平洋"不太平

由于没有海图和数据，麦哲伦不知道太平洋有多大，淡水和食物没有及时补充。当他们离开智利海岸向西驶向大洋时，这段旅程成为了世界航海史上骇人听闻的苦难经历。

数月之间，船员们看不到任何陆地或岛屿，船只仿佛在一望无际的蓝色沙漠中沉浮，饥饿成为最大的问题。一名叫皮加费塔的船员这样记录："面包干也吃不到了，我们只能吃带

有小虫子的面包屑，喝发酵了多少天的黄浊浑水，还经常吃木头的锯末。也不得不吃了横桁上的牛皮，把牛皮浸泡在海水中，四五天时间后，放在炭火上烤几分钟后食用。大老鼠的价钱是半个杜卡特一只，还是买不到。”

许多船员得了坏血病，有19人丧身太平洋。3个月20天后，剩余的人经过约17000千米航程，到达北太平洋的关岛，在这样一个盛产可可、甘蔗、香蕉、薯类的岛屿时，幸存的船员得救了。这是一段史无前例的航海壮举。

客死异乡

1521年4月，船队西行很快到达了菲律宾群岛，他们找到了盛产香料的国度，麦哲伦决定大干一场，在这片土地上建立殖民地，兑现对西班牙王室的承诺。

在宿务岛进行了一场军事演习后，该岛首领亨马旁纳率众接受了基督教洗礼，表示效忠西班牙。麦哲伦又企图让周围各岛效仿宿务岛，遭到拒绝后，决定进攻最顽固的马克坦岛。

拂晓时分，60人的队伍乘小艇登上了马克坦岛，该岛首领拉普拉普率众顽强抵抗。虽然，麦哲伦拥有武器优势，火炮发射后对方四散奔跑，但是更多的土著人拿盾牌护身，投掷出密集的毒箭、竹矛、棍棒、石头进行反抗。当离岸更远，船上的火炮不能发挥威力时，麦哲伦右脚中了毒箭，并被认出了指挥官的身份。更多敌人向他扑来，激战1小时后，麦哲伦和几名随从在围攻中屡受重伤，当场战死。

已经降服的宿务岛人也改变了态度，他们假意邀请船队的20多名军官赴宴，把他们全部杀死了。船队剩余的115人在烧掉一艘船后，乘坐“特立尼达”号和“维多利亚”号两艘帆船离开。

麦哲伦以不屈的精神为地理大发现作出了伟大贡献，却因为殖民主义者的野蛮行为受到了惩罚。战死时他年仅41岁。

继任者完成首航

德尔·卡诺船长成为船队临时指挥官，他们狼狈不堪，在群岛中探索航行；直到半年后的11月，在一名向导指引下抵达马鲁古群岛。他们采购了大批丁香、生姜、肉桂、胡椒和热带水果。当旗舰“特立尼达”号出现故障时，胆小的卡诺船长害怕遇到葡萄牙人，留下一部分人后，于1521年12月21日率领“维多利亚”号返程回国。

1522年7月，绕过好望角的航船到达佛得角群岛，不得不停泊在了葡萄牙人的海关，卡诺极力让当局相信他们来自新大陆，并获得了补充的食物。但是，一名水手无意泄露了麦哲伦的故事，愤怒的葡萄牙人扣留了13名水手，侥幸逃脱的卡诺对同伴弃之不顾，扬帆而去。

1522年9月6日，破旧不堪的“维多利亚”号帆船和绝地逢生的18名水手，终于回到了塞维利亚港。人类历史首次环球航行完成了，“地球是圆的”这一假想，也得到了证实。

幸运者的荣誉

首航归来的18名幸运者卖掉了香料等货物，他们得到了数十倍的利润成了富人。卡诺船长还得到了国王颁发的一枚盾形勋章，上面刻有一个地球仪和一行文字：您是绕着我航行的第一人！

或许，这些荣誉本该由死于异乡的麦哲伦亲自领受。

国际日期变更线

有趣的是，欢迎“维多利亚”号归来的仪式上按日历是9月6日，船员的记录却是9月5日。从此，世人才知道，地球在等速自转，往西航行是顺着自转方向，可以减少一天时间。这一事件震惊了全世界，不久，在位于太平洋中经线180°的地方，一条“国际日期变更线”诞生了。

航海发现者

Well-Known Explorers

漫长的航海史上，有的明星航海家因为事迹卓著被世人熟知，他们像熠熠生辉的群星一样，共同闪耀在人类航海事业的旅程上。世界地图也因为他们的成就得到不断完善。有一些地理发现，虽然不像好望角、美洲大陆那样引起普遍关注，但是对于人类重新认识地球，意义非凡。

库克：发现太平洋群岛

有这样一位传奇的船长，他既勇于探险，开拓海域，又科学严谨、善于发明创新，在多个领域成就非凡。他就是库克。

詹姆斯·库克（James Cook，1728—1779），英国探险家、航海家和制图专家。他是第一位系统考察了太平洋的航海家，也是第一位到达南纬71°10′证实南极大陆存在的探险家。从南极冰山到北国的白令海峡，从澳大利亚东海岸到夏威夷，都留下了他的足迹。

在世界航海史上，人们把库克发现澳大利亚东南海岸，称为仅次于哥伦布发现新大陆的第二次伟大发现。世界地图上有很多以他的名字命名的地方：库克海峡、库克镇、库克群岛等。

库克船长不仅绘制航海图传播大洋的地理知识，发明了测定航海船位的经度仪，而且成功地通过改善饮食来预防航行中的坏血病。为了表彰库克船长的功绩，英国皇家学会向他颁发了金质奖章，上面刻有“最狂热的海洋研究者”。

库克其人

1728年10月27日，库克出生于英国约克郡一个农民家庭，他曾经在农场做工，跟布匹商人学徒，17岁时开始了海上生涯，21岁就已成为航行在北海运煤船上的一名出色水手。27岁时，他自愿加入英国皇家海军，并以自己的沉着、谦虚、机灵、能干很快被提升为军官；凭借自己卓越的绘制海图才华，海军部委任他为太平洋考察队的指挥官。

航海使命

1767年沃利斯探险队宣称曾在太平洋上的落日余晖中瞥见南边大陆的群山，这一发现震惊了整个欧洲。因为远自古希腊开始，南方大陆问题一直是学者们讨论的焦点。有一种理论认为：北半球大陆较多，从平衡地球重量的角度来看，南半球也应有一块大的陆地。英国政府对这一发现表示了极大的兴趣，为了赶在别国之前抢先发现和占领这块大陆，扩大英帝国版图，英国政府决定派库克出海远航，寻找那个带有神奇色彩的南方大陆。

三次远航

初次远航。1768年8月26日，库克带领皇家学会的科学家从英国普利茅斯港起航，横越过整个大西洋，经过巴西，再往南绕过南美最南端合恩角进入太平洋，1769年4月到达南太平洋的大溪地，观察金星凌日的天文盛况，接着又向西航行到现在的新西兰，探索了南岛、北岛之后，继续往西发现了现在的澳大利亚；接着北上经过爪哇、印度洋后，从非洲南端的好望角开始返航，在1771年抵达英国。随后，库克晋升为海军中校。

再次远航。1772年7月库克再度离开英国，前往南太平洋。这次他反方向由西转向东南，

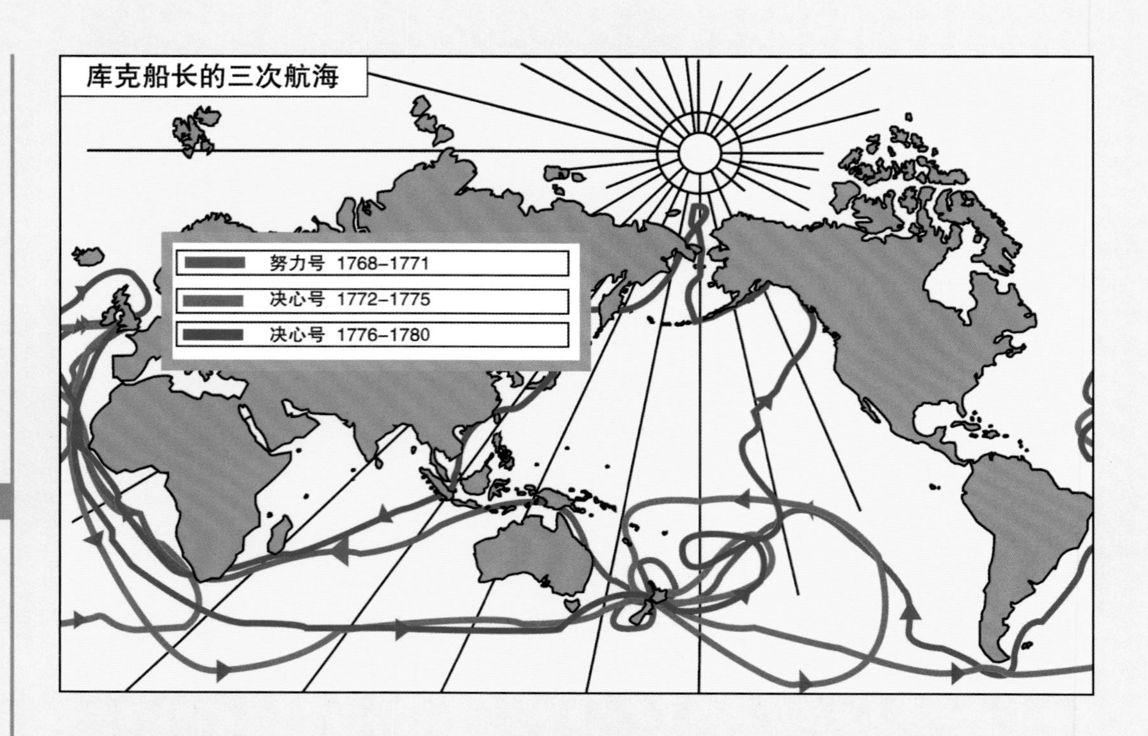

绕过非洲好望角，穿过南极圈，到达新西兰。接着，他花了很多时间探索南太平洋中由澳洲、新西兰、夏威夷形成的三点地带岛屿，包括复活节岛、东加岛、新赫布里底群岛、新喀里多尼亚和诺福克岛等，然后经南美、大西洋于1775年返回英国。随后，库克被晋升为海军上校，同时被选入英国皇家学会。

第三次远航。1776年7月12日，库克再度由西向东探索北太平洋，他绕过好望角，经印度洋、澳洲、新西兰后往东，抵达大溪地之后再向北，发现了欧胡岛、库伊岛和尼豪岛等，也就是今天的夏威夷群岛。1778年2月，库克往东抵达北美洲的奥勒冈海岸，并朝北探索北冰洋。在经过了白令海峡之后，因无法横越北冰洋，库克一行只好南下回到了夏威夷。而在此地，库克不幸丧生；他的同伴们于1780年10月4日才回到英国。

库克之死

在第三次远航中，库克和他的探险队抵达了美丽的夏威夷群岛，成了到达这里的第一批白人。停留几天后，他们继续北上，并很快接近了阿拉斯加，但由于当时恶劣的天气状况，库克下令返航回到夏威夷，以待日后再去寻找这条西北航道。

然而，意想不到的事情发生了，他们受到了当地人的狂热欢迎。人们把红布披在库克身上，把椰子汁涂满他的全身，并在他的周围载歌载舞，原来他们把库克看做一个归来的天神——当地正在举办的马卡希基节的主宰神拉农。这之后，接二连三地发生了戏剧性的事情。夏威夷人把大量的猪肉和蔬菜送给了探险队，岛民的礼物源源不断地送来，因为语言不通，根本无法阻止。显然，这里不能久待，于是库克匆忙下令离开此地。

可是刚起航不久，海上便起了大风，船帆让风撕开了好几个口子，一根桅杆也给吹折了，库克只好下令重回基拉凯卡湾进行修理。可是一回到岛上，情况有了很大变化，一名船员染病死亡后，夏威夷人不再认为他们是神，土著们用敌意的眼光看着他们，并开始偷船上的东西，船上唯一的一只小艇也被偷走了。库克大怒，第二天带领一批海员冲上岸去，想抓夏威夷国王作为人质换回小艇。这一下激怒了土著，他们在河滩上集结起来，以石块和棍棒作为武器向库克他们扑来。情况十分危急，这时一位船员的枪走火，于是棍棒飞舞，双方打成一片。混战中一个土著人忽然冲到库克船长的背后，将长刀深深地戳进了他的背部，库克顿时落到水里，鲜血染红了他身边的海水。

库克死了，他身后留下的记载着每日行程的航海日志，为人们提供了大量的精确真实的航海信息。

航海奇遇

1770年，库克船长率船队抵达澳洲东海岸，宣布它为英殖民地。据说库克船长发现了一种神奇动物，脑袋像大老鼠，肚皮有只口袋装着小宝宝，十分好奇，就问土著人是什么动物。由于语言障碍，土著人没听明白库克船长的话，就回答“不知道”，发音就像kan-ga-roo。而库克船长以为这就是动物的名字，于是便向英国皇室报告，说在澳洲发现了大批叫“不知道”的动物。于是袋鼠就有了这个公认的“kangaroo”的名字。

卡波特：发现北美洲纽芬兰

约翰·卡波特(John Cabot，1450—1499)，意大利探险家，1497年他乘一艘英国船到达了“新发现的土地”——纽芬兰(Newfoundland)，这儿渔业资源非常丰富，成群结队的大鳕鱼密密匝匝地拥堵在船的四周，随便抛下一个空篮就能捞上数条大鳕鱼。

意外的收获

1497年，威尼斯人约翰·卡波特，受英格兰国王亨利七世委托，前去寻找一条通向东方的贸易路线。

5月20日，他们乘“马休”号帆船从英国布里斯托尔出发了，船员共有18人，包括约翰·卡波特的儿子塞巴斯蒂安·卡波特。

航船采取等纬度航行法，一直保持在北纬52°的纬线上。6月24日，他们发现了陆地，约翰·卡波特将其命名为“新发现的土地”，事实上，这里是纽芬兰岛的北端。

随后，卡波特向南偏东航行，考察了纽芬兰岛东部海岸线，并绕过了东南很远的阿瓦朗半岛。在半岛周围的海域里，卡波特一行看到了大群的鲱鱼和鳕鱼，约30万平方千米的纽芬兰大浅滩被发现了。

一次贸易航道的发现之旅，却意外收获了丰富的渔业资源。纽芬兰大浅滩是世界上鱼类资源最丰富的海区之一，之后，许多英格兰人不再到冰岛渔场，而是到新发现的渔场捕鱼了。

错误的论断

卡波特如同当年的哥伦布一样信心百倍地说，现在通向亚洲的航路已经开启了。他并未意识到自己发现了一片北美洲的新大陆，而一直以为到达了中国的某地，他认为这片土地就是今天亚洲的东海岸。

1498年，卡波特探寻到了北美海岸线，触及了多个地方，从巴芬岛到马里兰，这次航行导致了对加拿大东海岸的重新发现。

7月20日，“马休”号原路返航，8月6日回到了布里斯托尔城。因为探险成功，英王奖赏了卡波特，并把“新发现的土地”改名为“纽芬兰”。

英格兰国王对北美东部不确定的地方声明了主权，其后，又对纽芬兰、凯波布兰顿岛和邻近地区声称主权，这都与卡波特首先到达过这些地方有关。

16世纪后半期，英国的海外活动更加频繁，他们又沿西伯利亚北部试航，寻找通往亚洲的东北航线，但是自始至终都没有找到中国和印度。

卡布拉尔：最早到达巴西的欧洲人

佩德罗·阿尔瓦雷斯·卡布拉尔(Pedro Alvares Cabral, 1460—1526)，葡萄牙航海家，被普遍认为是最早到达巴西的欧洲人。

葡萄牙航海家达·伽马返航的6个月后，卡布拉尔被任命为海军司令。1500年3月9日，葡萄牙国王玛奴尔一世派遣卡布拉尔指挥13艘船、1200名水手，由里斯本出发前往印度。4月22日，卡布拉尔在去往印度的途中发现了“圣十字地”，即巴西。

巴西红木

这次航行的目的是继续探索通往印度的海路，在沿线海岸建立贸易站，扩大葡萄牙势力。13艘帆船上武器装备精良，有足够18个月吃的食物储备。

出航很顺利。卡布拉尔并没有向南沿非洲西海岸航行，他们经过维德角群岛后，为躲避非洲赤道无风区，向西南方向前进。葡萄牙官方解释是，卡布拉尔想绕过无风的几内亚湾。然而人们猜测，由于西班牙与葡萄牙在海外拓展殖民地的竞争，葡萄牙希望在大西洋西面开拓自己的势力范围；与哥伦布不同的是，葡萄牙人早就预感到，在大西洋西南面有新大陆。卡布拉尔率领船队横越了大西洋。

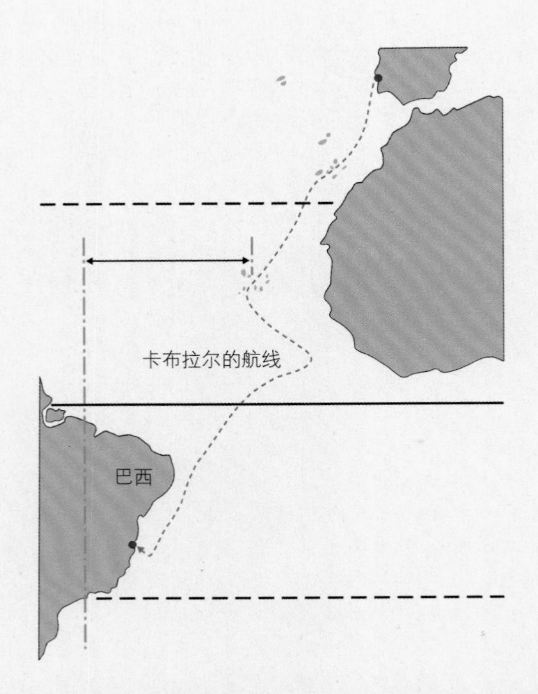

1500年4月22日，水手们在地平线上看到了被绵延的山脉和茂密的森林覆盖的海岸。最初，他们错误地认为这是一个岛屿，依据1494年在教皇主持下签订的《托尔德西利亚条约》，这里的岛屿应归属葡萄牙。23日卡布拉尔一行登陆，在岸上竖起十字架，取名为“圣十字地”，宣布这块土地为葡萄牙属地，即现在的巴西。

为了寻找黄金的葡萄牙殖民者没有在这里找到黄金，却发现了一种高大、名贵的红木，从中可以提炼出一种当时被认为十分名贵的红色染料。巴西就是这种红木的葡萄牙语译音。因为巴西红木几乎是当时唯一出口的物资，殖民者竞相采伐，于是“巴西”就逐渐替代了“圣十字地”这个名字，并一直沿用至今。巴西是拉丁美洲唯一以葡萄牙语命名的国家。

卡布拉尔派遣一艘帆船返回葡萄牙，把新发现土地及其美丽自然风光和友好土著居民的消息向国王汇报。

付出代价，换取印度贸易

短暂停留后，卡布拉尔于5月3日起航，向真正目的地印度驶去。在经过好望角时，船队中有4艘帆船在风暴中失事。在罹难的船员中，有一位就是发现好望角的著名探险家巴托罗缪·迪亚士。

风暴吹散了船队，其中一艘帆船迷了路，反而碰巧发现了位于非洲东海岸外的马达加斯加岛。剩余的帆船继续航行。1500年8月底，船队临近印度海岸，于9月13日停靠在印度的卡利卡特港。

在卡利卡特港，葡萄牙人遇到了麻烦。在海岸居住点，他们遭到了阿拉伯商人的攻击，许多水手被杀。卡布拉尔船队从海上向卡利卡特发起攻击，并纵火烧城。

就这样，葡萄牙人开始了在印度洋沿岸的殖民扩张，继续用武力从阿拉伯人手中夺取了制海权，垄断了香料和东方奢侈品的贸易。

1501年夏季，卡布拉尔一行回到了葡萄牙。尽管损失了7艘帆船，扣除损耗还是获得了巨大收益。

白令：从欧亚大陆到北美大陆

维图斯·白令(Vitus Bering，1681—1741)，丹麦人，1704年起在俄国海军服役，由于才能出众、效忠沙皇而深受彼得大帝赏识。他率领探险队横跨欧亚大陆后，渡海发现了北美大陆。因为他卓越的航海业绩，留下了以他的名字命名的白令岛、白令海峡和白令海。

彼得大帝的海洋梦

在17世纪和18世纪之交的30年中，赫赫有名的俄国彼得大帝吸收了西欧的科技和文化，对国家实行了一系列改革，使俄国逐步富强起来。同时彼得大帝疯狂地推行扩张政策，企图打通到北美、中国和日本等国的航路，进入世界的各个大洋。

1724年，彼得大帝决定组织一支航海探险队开赴北太平洋，探测亚洲大陆和北美大陆之间的海域。这个重大的任务落到了海军准将白令的肩上。白令接受任务后立刻废寝忘食地起草探险计划，组织了俄国历史上第一支航海舰队。

由于当时北方海路还没开通，白令率领的探险队要先从彼得堡（今圣彼得堡）出发，横跨欧亚大陆，到达7000千米以外的鄂霍茨克。

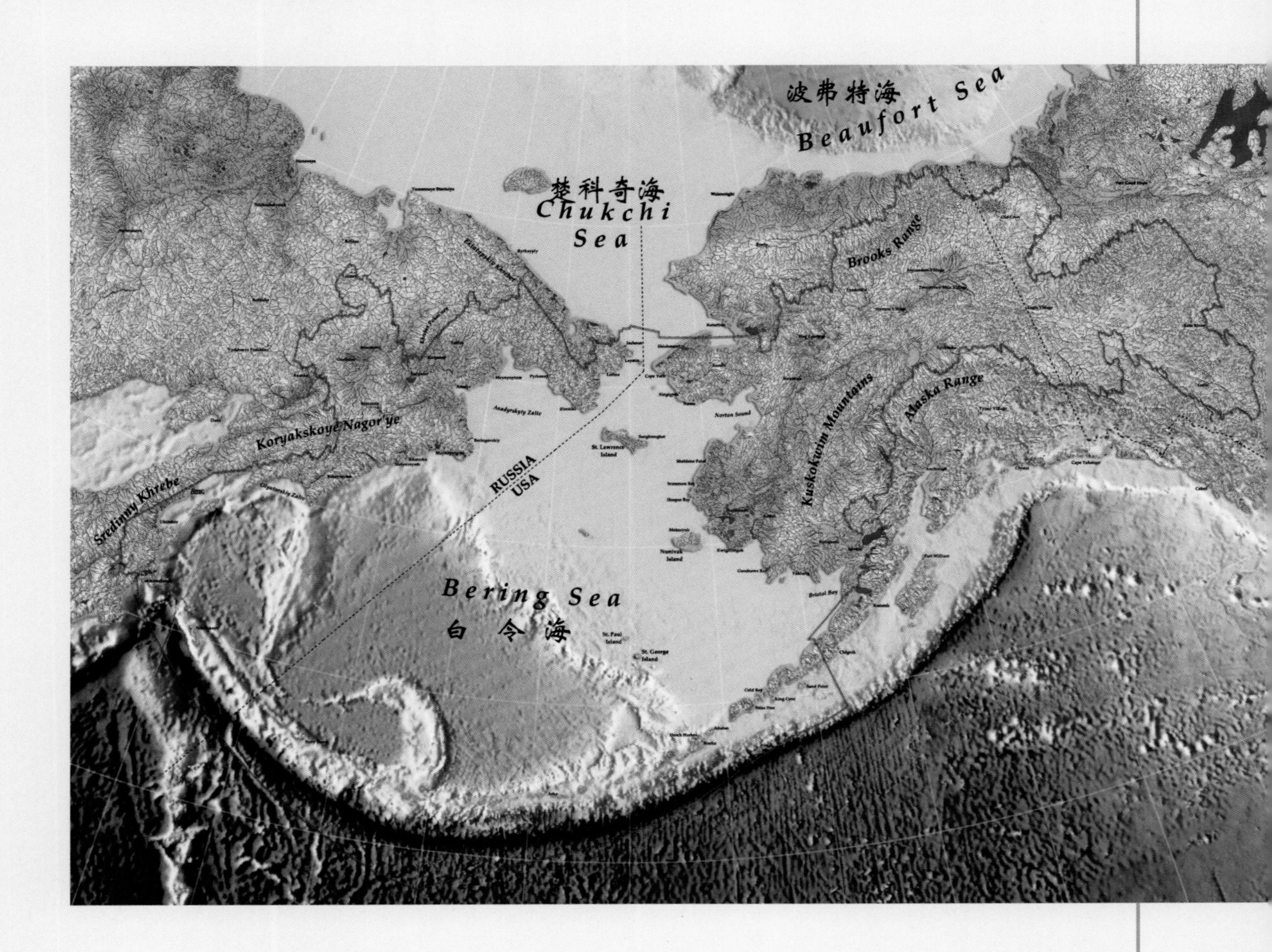

↑“圣加夫利拉”号

首航的遗憾

1725年春天，白令率领由70多人组成的探险队，踏上了艰难的征途。一路上翻山越岭、风餐露宿，有的人倒在漫天风雪中再也没有起来，也有的人不堪忍受，开了小差。特别是在最后的500多千米路程中，由于粮食短缺，探险队不得不杀马充饥。

1727年，探险队终于到达了鄂霍茨克，随后又乘船来到堪察加半岛东部的彼得罗巴甫洛夫斯克。1728年，白令指挥着“圣加夫利拉”号探险船驶离港口，沿堪察加半岛海岸向北挺进。8月的一天，“圣加夫利拉”号船驶过风雨和浓雾，来到亚洲大陆最东端附近的海面。

从这里向东望去，只见大海烟波浩渺，白令因此确信北美洲和亚洲之间确实是被水隔开的。这时全船沸腾起来，大家互相拥抱，祝贺这个伟大的发现。

遗憾的是，由于那天大雾弥漫，白令没有看到对面的北美洲，因此他也不知道探险队正位于一个狭窄的海峡中。这个海峡的最窄处只有35千米，如果天气晴朗，两岸可以遥遥相望。结果，近在咫尺的美洲大陆就这样从他们的眼皮底下溜掉了。

功业成，英雄魂

1730年，白令结束了第一次探险活动回到彼得堡。然而海军部的官员不相信白令的探险成果，他们质问：为什么不继续向西北航行，去寻找亚洲和美洲大陆之间可能存在的陆桥呢?

这些无理指责坚定了白令再次探险的决心。1733年，他率领庞大的探险队，再一次横跨欧亚大陆到达堪察加半岛。1741年，他们再次乘船北上。7月中旬的一天，天气晴朗，阳光普照。船队通过海峡时，白令站在船头，高兴地看到了海峡对岸的北美大陆，看到了海拔5000多米的圣厄来阿斯山，它那白雪皑皑的山顶在阳光下闪烁着耀眼的光芒。

探险船停泊在一个小岛旁，一位博物学家登上岸去，在考察中他们还发现了土著居民。这些发现都确凿地证明，探险队此刻正站在北美洲的土地上，海峡的存在毋庸置疑。

在返航途中，白令不幸得了坏血病，他四肢无力、牙龈浮肿，并且开始糜烂出血。在18世纪，这种疾病对远洋海员的生命是极大的威胁，由于病因不清楚，很难救治。1741年11月初，探险船在狂风巨浪中触礁，无法继续航行，只得在荒无人烟的小岛上停留下来。这一年的12月8日早晨，心力交瘁的白令死在了这个小岛上，剩下的船员于第二年返回。

白令是一位卓有贡献的航海探险者，后人为了纪念他，把他去世所在的那个小岛命名为白令岛，把他发现的海峡命名为白令海峡，把阿留申群岛以北、白令海峡以南的海域命名为白令海。

↑堪察加半岛风光

诺登舍尔德：北冰洋航道的开辟者

诺登舍尔德（Nordenskiold，1832—1901），瑞典地质学家、矿物学家、地理学家和探险家。1879年9月，他第一次通过大西洋和太平洋东北部，完成了环绕欧亚大陆的历史性航行，成为北冰洋东北航道的开拓者。1883年他成为第一个穿越格陵兰东南海岸海上冰障的人。

“东北航道”的由来

诺登舍尔德生于芬兰首都赫尔辛基，当时芬兰处在沙皇俄国的统治下，由于政治原因他被流放到瑞典。1858年定居斯德哥尔摩，参加了北极岛斯匹茨卑尔根的探险，成为瑞典国家博物馆馆长和矿物学教授，开始筹划北冰洋航线的开拓。

为了做好北冰洋航线探险的准备工作，他从1858年至1876年先后对斯匹次卑尔根群岛、格陵兰岛、喀拉海等作了8次探险考察，取得了丰富的北极地区科考资料。

在瑞典富商奥斯卡·迪尔森的资助下，1878年7月4日，他率领“维加”号和“莉娜”号两艘轮船，从瑞典的哥德堡出发，计划发现一条“东北通道”。

众所周知，16世纪初，达·伽马开拓了欧洲到印度的航道，麦哲伦又开辟了从欧洲经大西洋穿越麦哲伦海峡横渡太平洋前往亚洲的航道。这两条航道的开辟，对东西方之间的贸易和活动带来了很大便利。但是，打开世界地图时，会发现这两条航道都很长，能否找到一条从欧洲通往亚洲的更近的航线呢?

当时，欧洲地理学家提出了一个大胆的假说，认为有两条从欧洲通往亚洲的更近的航线；一条是沿北美洲北岸走，称为“东北航道”；另一条是沿亚欧大陆北岸走，称为“西北航道”。寻找从欧洲通往亚洲更近的航线，吸引了一代又一代探险者把目光投向了北极。

诺登舍尔德一行顺利穿过了喀拉海，绕过了亚马尔半岛，一直行进到东经80°20′、北纬75°30′处；同年8月中旬，帆船停泊在叶尼赛湾入口处的一个小岛附近，并把小岛和对岸的港口分别命名为迪克森岛和迪克森港。

奇迹源于不懈奋斗

1878年8月10日，诺登舍尔德离开迪克森岛，开始了北冰洋航道的漫漫征程。9月28日，探险船驶进楚科奇海之后，意外发生了，海上气温骤降，海面很快冰封，“维加”号被冻在海面上丝毫不能动弹。面对一片茫茫坚冰，全体船员只得忍受着难以想象的严寒和风暴袭击艰难度日，直到第二年7月18日，被封冻了近10个月的海面才开始解冻。完好无损的航船得以向白令海峡航行。

这次航海探险，诺登舍尔德不仅实现了人类首次发现北冰洋航线的梦想，而且他率领的探险船还创造了人类航海探险史上船员无一人伤亡、船体完好无损的奇迹。

在这条以前没人航行过的航道上，诺登舍尔德一行战战兢兢，不断修正海图上的错误和纰漏，小心翼翼地绕过水下浅滩和无名海岛；另外，他们还认真记录着天气变化、浮冰漂流等自然现象。之后，他们取道日本横滨、中国广州、印度锡兰，穿过苏伊士运河、直布罗陀海峡，于1880年4月24日回到瑞典。

诺登舍尔德因成为北冰洋航线的开拓者而享誉全球。以他的姓氏命名的有位于今俄罗斯喀拉海东南的诺登舍尔德群岛，新地岛西北部的诺登舍尔德湾、诺登舍尔德角，北美洲加拿大的诺登舍尔德河，北欧挪威的诺登舍尔德半岛；另外，北冰洋的拉普捷夫海也曾一度称为诺登舍尔德海。

2008年10月20日，格陵兰邮政与芬兰邮政联合发行小全张，纪念诺登舍尔德开通东北航线130周年。

皮尔里：是第一个到达北极点的探险家吗？

皮尔里·罗伯特·埃得温（Peary Robert Edwin，1856—1920），美国探险家，生于美国宾夕法尼亚州，他是世界上唯一将北极点作为终身奋斗目标并最终取得胜利的人。不过，他是不是到达北极的第一人至今仍有争议。

屡败屡战直至成功

为了去北极探险，皮尔里作了多年的准备。他先在格陵兰岛的冰上进行了徒步以及狗拉雪橇行军的训练，并吸取以往北极探险的经验教训，还注意到了不为人知的冰山漂流，他决定从格陵兰岛北岸开始北极探险之行。

1886年至1895年，皮尔里三次探险格陵兰岛，但都以失败告终。1898年，皮尔里第四次北极探险中，因严重冻伤不得不切除了8个脚趾，只留下了每只脚的大脚趾。此时此刻，皮尔里异常难过但仍决心不移，他在避难小屋的墙壁上挥笔写下了“不达目的，誓不罢休！”

1909年2月8日，皮尔里又一次向北极点进发。接受前几次的教训，这次他不再设立仓库，而是各路人马同时前进。2月22日，皮尔里率领探险队从格陵兰岛西北的哥伦比亚角出发，那儿离北极点约760千米。3月11日，他们到达北纬85° 23′，3月底又到达北纬88°。稍事休息之后，皮尔里和他的黑人奴仆及4名因纽特人，带着5架雪橇和40只狗，向北极点做最后的冲刺。

天公作美，他们一路十分顺利。4月6日，53岁的皮尔里终于如愿以偿——他胜利到达了北极点。

兴奋之余，他在日记中写道：“我终于到达了北极点！300多年来探者家们竞争的目标，我23年来的梦想终于实现了。我实在没有想到，北极点竟是一个如此单调、平凡的地方。”

北　极

皮尔里把他夫人缝制的美国国旗插在北极点上。拍下照片后，剪下国旗的一部分埋进雪里，上面写着：“1909年4月6日，抵达北纬90°，皮尔里。”为了证实已经到达北极点，皮尔里在北极点附近海域纵横穿越了20多个小时，他探察了北极点附近海洋的深度约为2750米。

皮尔里在北极逗留了30小时后返回营地。一个月后，太阳越来越高，真正的北极夏天来临了，好似变魔术一样，所有的花一下子都开放了。

难以想象花儿开得如此生气勃勃，因为夏季短暂，它们争相怒放以完成生命的过程。白色的北极棉草花，鹅黄的多瓣木花，绛红色的宽叶柳兰，洁白的高山卷耳，淡粉色的蝇子草，绛紫色的海风铃草和殷红色的蔷薇，在沙岸边、岩石旁、苔藓中、石缝里灿烂地展现着自己斑斓的色彩，把格陵兰的荒凉土地装缀得美如锦缎。

皮尔里之行，解开了许多北极之谜，证明了北极点位于北冰洋中间的坚冰上，周围是为冰雪所覆盖的大海，没有陆地。他后来撰写了好几本有关旅行的书，《北极》一书是他记述自己最后取得胜利的一本著作，影响很大。皮尔里成功的经验被后来的探险者们广为借鉴。

阿蒙森：第一位到达南极点的探险家

罗尔德·阿蒙森（Roald Amundsen，1872—1928），挪威极地探险家，1906年他乘单桅帆船通过西北航道发现了北磁极，1911年12月14日他与4个同伴乘狗拉雪橇到达南极点，1928年在一次飞行探险中失事亡故。在航海、极地、飞行各类探险活动中，阿蒙森创造了不同领域中的多个奇迹，被誉为世界探险界的奇才。

为探险而生

1872年，阿蒙森出生于挪威小镇博尔格，他从小决心成为北极探险家。虽然大学期间学习医学，但从未放弃对探险的研究。21岁时，他放弃医学转行到一艘商船上供职，以便获取船长执照，开始自己的航海探险。

1896年，24岁的阿蒙森通过了船长资格考试，积累了丰富的航海经验后，计划组织一支探险队去极地探险。但一个普通人得到政府的资助是不可能的，他只好四处筹钱。几年后，他花巨资购买了一艘单桅帆船，船身圆形，长22米，排水量150吨，取名为“约阿”号。阿蒙森准备了足够5年的食品、燃料，还有备用帆布、索具、航海仪器、枪支弹药和6只爱斯基摩狗。这些装备让阿蒙森负债累累。

阿蒙森善于总结前人的经验教训，他认为到极地探险不能用太大的船，也不用太多船员；之前许多探险家没有成功，主要原因有三个：一是路线太偏北，容易在航行中遇到大块浮冰；二是船太大，容易触礁沉没；三是人太多，给养补充不上。

1903年6月17日，阿蒙森和6名伙伴乘“约阿”号船驶离挪威，他的探险生涯从此开始。

与因纽特人交朋友

他们沿着英国海岸北上，绕过奥克尼群岛转向西北，25天后抵达格陵兰。然后，穿过浓雾笼罩、冰山密布的梅尔维尔湾，来到威廉王岛东南岸。因为船只被冰冻无法起航，他们只好在亚阿港过了两个冬天。

↑因纽特人

在这儿，阿蒙森和因纽特人交上了朋友。当时，因纽特人还非常落后，没有铁制品，生产工具都是用动物骨头做成的，人们都穿兽皮衣服。当他们看到阿蒙森船上的刀枪和铁制品时都很惊奇，女人们看到针和小刀能够缝制衣服，更是爱不释手。

这样一来，到那里的因纽特人越来越多，而他们只有六人，如果发生库克船长在夏威夷岛那样的冲突，就会“全军覆没”。这时，聪明的阿蒙森想出了一个点子，他要使这些落后的居民相信自己是法力无边的“超人”。

一天晚上，他和船员们开始行动，在离船很远的岸上造了一间冰房子，埋上电线控制的地雷，引爆线通到船上。第二天，他邀请200多个因纽特人到船上和岸边，告诉他们自己法力无边。他在甲板上大喊：“只要我用手一指那间房子，它马上就会粉身碎骨。”因纽特人有些怀疑，于是他装模作样地用手一指，大喊一声“炸”。船员听到信号马上启动按钮，“轰”的一声，房子在片刻间被炸得粉碎。这一恶作剧产生了理想的效果，因纽特人被吓得目瞪口呆，真的认为眼前这六个人是“超人”。

阿蒙森可以安全过冬了，并且受到了热情款待。他们学会了因纽特人的语言，同他们交换东西，比如，用一个空罐头盒就可以换来两套白鹿皮衣服，用一根半米长的钢丝可以换取整张狗皮。在这里，他们还在因纽特人的帮助下进行了科学测量和标本收集。在这里，阿蒙森测量出了北磁极的位置。

1905年8月，阿蒙森重新起航，在满是浮冰的极地海域缓慢移动，终于驶出了后来以他的名字命名的阿蒙森海湾。他们一直沿着海岸线前行，5个月时间航程1800千米，艰难地穿越了白令海峡。

当历经艰辛的“约阿”号到达美国旧金山时，受到了各界人士的隆重欢迎。阿蒙森这位开辟西北航道的传奇航海英雄，为了偿还债务在美国各大城市进行巡回演讲，然后回国。

南极之巅

阿蒙森顺利走完西北航道后，准备到北极探险，没想到美国人皮尔里比他早了一步，先到达了北极点。既然不能第一位到达北极点，那就第一位到达南极点吧。

1910年8月9日，阿蒙森乘“费拉姆”号探险船从挪威起航，途中获悉英国海军军官斯科特组织的南极探险队早在两个月前出发了。这对阿蒙森来说是一个挑战，他决心夺取首登南极点的桂冠。经过4个多月的艰难航行后，“费拉姆”号穿过南极圈，于1911年1月4日到达攀登南极点的基地鲸湾。

↑阿蒙森南极科考

又经过10个月的充分准备后，1911年10月19日，阿蒙森和四个伙伴乘坐52条爱斯基摩狗拉的雪橇出发了。前半部分路程，他们乘狗拉雪橇和滑雪板前进，后半部分路程主要爬坡越岭。由于事先准备充分，天公作美，他们以每天30千米的速度前进。12月8日，他们开始向南极点冲刺。当经过3年前英国探险家沙克尔顿经过的南纬88°23′时，阿蒙森和队友们非常兴奋，这个由英国人保持的纪录很快要由挪威人改写了。

12月14日，是阿蒙森终生难忘的日子，因为在这一天，他成为抵达南极点的第一人。同伴们欢呼拥抱，把一面挪威国旗插在南极点上，并设立了一个名为“极点之家”的营地。他们在此进行了24小时太阳观测，测算南极点的精确位置，并垒起一堆石头插上雪橇作为标记，还在边上搭起一顶帐篷。

阿蒙森相信斯科特也会到达南极点，他在帐篷里留下了分别写给挪威国王和斯科特的两封信，用意在于万一自己在归途中遇到不幸，斯科特可以向挪威国王报告他们胜利到达南极点的喜讯。没想到，次年1月18日到达南极点的斯科特，由于所乘的西伯利亚小马全部冻死，体力透支的斯科特和队员们在归途中相继倒下了，8个月后一支搜寻队发现了他们的遗体。

停留3天后，阿蒙森告别南极点开始返程，并顺利回到了鲸湾基地。这次伟大的南极点之行，轰动了整个世界，人们为他所取得的成就欢呼喝彩。

献身探险事业

勇敢的阿蒙森继续着自己的探险事业。1925年，他和探险队乘坐两架水上飞机冒险远征北冰洋，在北纬88°被迫在冰上着陆，但是探险队成功地使其中一架飞机重新起飞，于3星期后返回斯瓦尔巴德群岛。

↑阿蒙森科考船

美国人林肯・埃尔斯沃思资助并参加了这次探险。第二年，阿蒙森、埃尔斯沃思和意大利人安贝托・诺比尔乘飞艇“挪威”号，从斯瓦尔巴德群岛飞越北极前往阿拉斯加，他们飞越了前人未知的白色荒原，填补了世界地图上又一个空白点。

阿蒙森为极地探险而生，并为极地探险而死。两年后，诺比尔乘坐“意大利”号飞艇在第二次北极飞行时失踪了，阿蒙森参加了搜救，另一组搜救队员发现了飞艇和活着的诺比尔，但是阿蒙森再也没有回来。

航海史秘闻

Anecdotes of Navigation

神秘莫测的海洋上，同样有着许多鲜为人知的传说或事件，许多故事已经无法考证其真实性，但是其动人的情节以及传奇的人物所传递出的航海探险精神，感召着后人，心向大海，追寻梦想。

徐福：东渡之千古谜团

距今2000多年前，徐福率领三千童男童女及百工、弓箭手等，组成浩浩荡荡的船队扬帆东渡，到海外寻求生存和发展的新乐园，成为中国历史上具有划时代意义的重大事件。

徐福两次出海

关于徐福东渡的次数问题一直以来就有较大的争议，根据《史记·秦始皇本纪》记载，徐福出海有两次：公元前219年和公元前210年。

公元前219年（秦始皇二十八年），秦始皇到东方沿海各郡巡视。大队人马在泰山封禅刻石，又抵达海边，只见云海之间，山川人物时隐时现，蔚为壮观，令秦始皇心驰神往。这种景象，本来是海市蜃楼，但方士为迎合秦始皇企望长生的心理，将其说成传说中的海上仙境。徐福乘机给秦始皇上书，说海中有蓬莱、方丈、瀛洲三座山，有仙人居住，可以得到长生仙草，于是要求出海为秦始皇寻找三神山和长生不老之药。秦始皇大为高兴，“于是遣徐市发童男童女千人，入海求仙人”。

据史料推断，徐福此次是从琅琊港一带出航，很快到达了朝鲜半岛西海岸，并沿着半岛西海岸南下，进行了详细的勘查。但是遗憾的是，徐福在这里并没有找到长生不老的仙药，于是又沿原路返回了琅琊。

徐福知道此次无功而返必难逃一死，于是他主动拜见了秦始皇，并巧妙地回答了出海求

仙的事情。徐福自称见到海神，海神以礼物太薄，拒绝给予仙药。对此，秦始皇深信不疑，增派童男童女及工匠、技师，带上谷物种子，令徐福于公元前210年再度出海。

一般认为，徐福此次出海是从登州湾出发，率领船队浩浩荡荡地扬帆东行，渡过长山列岛、庙岛群岛，沿辽东半岛东南向东抵鸭绿江入海口，再经朝鲜半岛西海岸南下，发现并进驻了济州岛。后在济州岛周围探查时又发现在济州岛的东方有一个大岛（九州岛），徐福的船队东行300多千米到达了日本的九州岛。最终“得平原广泽，止王不来”，开始了在海外的创业。

不解的谜团

徐福东渡日本的海上探险活动，给世人留下了一个个不解的谜团。后人只能从相关的史料记载中了解一二。五代后周时期济州开元寺的义楚和尚著有《义楚六贴》，该书说：“日本国亦名倭国，在东海中。秦时，徐福将五百童男、五百童女止于此国，今人物一如长安。……又东北千余里，有山名富士，徐福至此，亦名篷莱，至今子孙皆曰秦氏。”这一消息来源于义楚和尚的日本朋友弘顺和尚，可见“徐福东渡日本说”早在日本本土流传。

到了宋代，欧阳修在《日本刀歌》中写道：“传闻其国居大岛，土壤沃饶风俗好。其先徐福祚秦民，采药淹留多童老。百工五种与之居，至今器玩皆精巧。”此后，中国、日本、韩国许多著作，纷纷载入徐福到达日本的故事。日本徐福会理事长饭野孝宥先生还根据徐福在日本的第七代嫡孙秦福寿遗书，在《弥生的日轮》一书中，列举了徐福带领的528个童男女和百工的名字。

许多学者还从中国与日本的民俗风情、语言、文字、航海技术、医药、宗教、族谱、文化交流以及日本出土的秦代大量文物、徐福遗迹等，论证了徐福到达日本的真实性。学者们认定，日本从结绳记事的石器时代，突然飞跃到能播种稻谷、能养蚕、能织布、能冶炼钢铁的弥生时代，是徐福带去了先进文明的结果。

徐福热

徐福东渡不仅是中国航海史上的壮举，也是世界航海史上的壮举。徐福在公元前3世纪东渡时所使用的航船的吨位、航海的技术水平、船队的规模之大等诸多方面都处于当时世界的最前列。而西方的哥伦布、麦哲伦等人要比徐福晚了1000多年。

徐福东渡的成功是中外文化交流史上的里程碑，是有文献记载的中国文化的第一次跨海传播。徐福将先进的中国文化带到了日本列岛和朝鲜半岛，极大地促进了日本和韩国的社会发展。直到今天，日本和韩国还有不少姓氏家族，自称是“渡来人”或“秦人”的子孙，有的被认为是徐福所率领的童男童女的后代。

现在，“徐福热”正在世界兴起，徐福开发了日本的观点，已为越来越多的研究学者所认同。徐福东渡这一航海壮举也成为一段佳话被世人广为传颂。

长生仙草

后世关于长生的仙草有许多说法，皆已无从考证，一说是灵芝，能愈万症，其功能应验，灵通神效，又被称为“不死药”。

另一个有趣的传说是日本祝岛的“不死之药”，该药在日本古籍中名叫“千岁”，大小如核桃，汁浓、味甘，据说食后可保千年不死，闻一闻也可以增寿三年。经过当代学者探访、采集和鉴定，认为是一种野生猕猴桃。

还有一个是八丈岛咸草的传说。在八丈岛上有一种伞形科多年生的草，名曰咸草。叶子有光泽，茎和叶可以食用。咸草生命力很强，叶子摘掉后马上会生出新叶，因而又名曰“明日叶”。咸草味美且营养丰富，据八丈岛人说，“徐福来寻找的其实就是咸草”。

纳多德和弗劳克：维京船长定居冰岛

公元867年，来自挪威的海盗船长纳多德在逃亡途中，发现并建立了一个新的定居点——冰岛。时至今日，这个美丽的北欧国度成为世界旅游胜地。

维京人传奇

纳多德是维京人（也叫做诺曼人）。维京人居住在欧洲北部，气候严寒，土地贫瘠，即使丰收年景，粮食也不能满足自身需要，所以他们常常用珍贵的毛皮和鱼类去换取粮食。岩壁嶙峋的海岸没有带来足够的生存空间，为了追寻鱼群和海兽，他们的舟楫几乎踏遍了北大西洋的每一寸海域。迫于生存压力，他们成群结伴，以大海为背景，做起了杀人越货的海盗勾当。

这是一种高风险的事情，为了财富往往会轻易失去生命，但他们前赴后继乐此不疲。大约公元8世纪开始，维京人几乎成为整个西欧地区的灾难。他们采取密集的蝗虫式的战术，驾驶轻快的尖头船，鼓噪而来呼啸而去，把北大西洋沿岸的港口和村庄洗劫一空。

他们洗劫的范围，向东穿过波罗的海，沿东欧海流到达里海的拜占庭帝国；向南破坏了大西洋沿岸，并在法国塞纳河下游建立了显赫的诺曼王朝。9到11世纪期间，维京海盗控制的航道环绕着整个中欧、西欧和南欧。

冰岛的由来

凌厉的海风，疯狂的波涛，浴血的搏杀，造就了维京人剽悍的性格，以及在恶劣的环境中生存下来的能力。这些特质，使得那些不愿当海盗的维京人，在其他领域也能够大显身手。

纳多德是维京海盗的一名船长，他因为杀人越货、血债累累，只好逃往茫茫大海。公元

867年，他从挪威返岛途中遇到了风暴，被推到西北方向一片满是岩石的陆地。当时天上下起了大雪，他顺口把这片陆地叫做“雪地”。如果将冰岛、挪威、英国三地连成线，正好构成一个三角形，中心地带就是法罗群岛。

两年以后，以卡尔达尔为首的一批诺曼人也被风暴送到了这里，他们绕行一周发现这是个大岛，在这里度过了一个艰苦的冬天。壮丽的冰川，雄伟的火山，茂密的森林，富饶的渔场，给他们留下了深刻的印象。

随后，在挪威内战中，被加拉尔德一世联合农民击败的“海上之王”弗劳克从法罗群岛出逃，凭借渡鸦的指引找到了这片海岛。因为到达的时间正处于严酷的冬天，寒风大作，暴雪扑面，牲畜大量死亡，弗劳克沮丧极了，便把这里叫做“冰岛”。尽管后来他对这里美丽的草原、丰富的渔场赞不绝口，但这个令人齿寒的名字一直沿用至今。

爱利克和莱弗：从格陵兰首登美洲大陆

莱弗是格陵兰之王爱利克的儿子，据说，他约在公元1000年幸运地登上了美洲大陆，比世人熟知的哥伦布发现新大陆早了500多年。

“红头发”爱利克的故事

从冰岛往西，有一片冰雪覆盖的礁石，冰岛神话中称之为“贡比恩礁石”，之上是万丈冰岩，之下是巨型冰块，常年云吞雾吐，飞沫走澌，威严又神秘。对它人们只能敬而远之，不敢越雷池半步。

当时冰岛上居住着一名海盗船长，有一篷火红的头发，人们叫他“红头发”爱利克。他原来是挪威人，因为杀人重罪被驱逐出境到了冰岛，在冰岛他恶习不改，又被冰岛当局判处驱逐出境3年。

“红头发”爱利克胆大妄为又不甘寂寞，他决心闯一闯贡比恩礁石，寻找新的陆地。大约在982年，爱利克伙同几名好友出发了，经过千辛万苦，向西北航行650千米之后，终于找到了几块平坦的地方登陆。这儿的港湾有大量鳟鱼、鳕鱼和海豹，滩原上长满青嫩的植物和树林，夏季温和，冬季也不太寒冷，同四周冰雪覆盖的荒原形成鲜明的对比。

爱利克欣喜若狂，把这块得天独厚的宝地叫做“格陵兰”（Greenland），意思是“绿色的土地”。后来，人们用格陵兰称呼全岛，尽管这样名不副实，因为全岛85%的土地都是寸草不生的蛮荒冰原，但是人们仍然喜欢使用这个亲切的名称。

“红头发”爱利克满怀豪情，用“绿色的土地”为号召，游说轻信的冰岛人移民到这块新开辟的区域。移民的船队浩浩荡荡前来，几艘船被海上突发的风暴摧毁，另几艘船吓得立即掉转了船头，但是，仍然有14艘船500多名移民到达了南格陵兰。

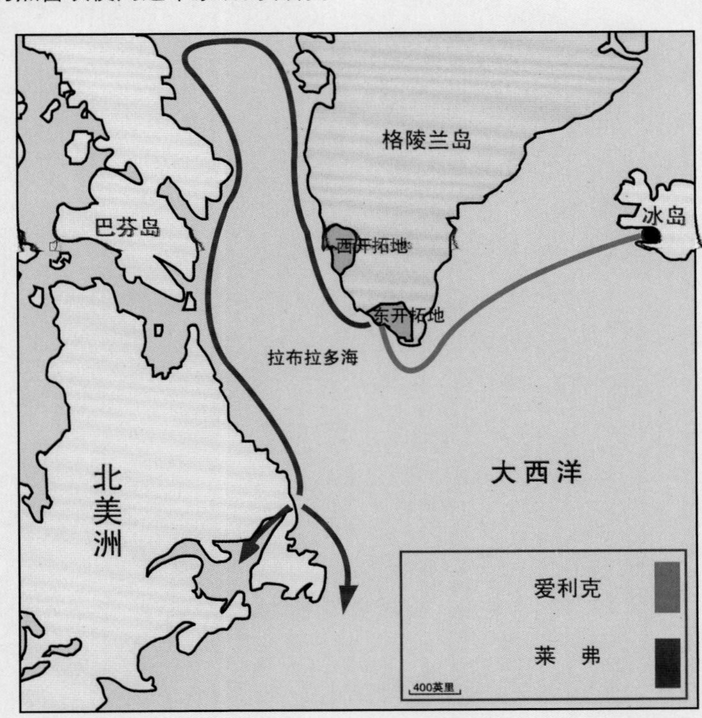

这片地后来被称为“东开拓地”，在当时的丹麦地图上，格陵兰被标明为欧洲的一部分，地理大发现之后，格陵兰归属北美洲。

“石头地”、“森林地”和“葡萄地”

“红头发”爱利克的儿子们也是一帮好汉，“幸运者”莱弗便是其中杰出的一位。

大约公元1000年，莱弗驾船向南行驶，寻找一块传说中的森林之地。船只在茫茫大海中颠簸，莱弗凭借天生的胆识，稳稳地把住舵位，任海船乘着风浪顺势漂流。

几天后，船的右侧出现了一线海岸，登岸后发现到处是光秃秃的巨大石块，他把这块陆地叫做赫卢兰特，意思是“石头地”，然后继续南行。几天以后，莱弗又发现了一道布满暗色森林的郁葱葱的海岸，他十分高兴，把这个地方叫做马克兰特，意思是“森林地”。

又向南航行了两天后，莱弗把船停泊在一个美丽的河口，河流两岸生长着大片野葡萄，于是莱弗命名此地为文兰，意思是“葡萄地”。他们在这里建起了小木屋过冬。这里冬季相当温和，白天也特别长。

历史学家认为，维京人最终登岸的地方是北纬40°的美国东部海岸，这和后来的第一艘英国移民船“五月花”号登陆的地方相距不远。

第二年春天，莱弗带着他的传奇故事和大量木材返回格陵兰，理所当然地成了当地的英雄。不久，他的父亲爱利克去世，他接手了遗留的农场，结束了海上冒险生涯。

后来，更多的维京人顺利到达了文兰，并在那里定居下来。那里有广袤的原野、无尽的森林，海湾有捕不尽的游鱼，陆地有猎不完的走兽，野蔬、野麦一片片地自生自灭，移民们享受着大自然慷慨的赐予。

不久，身穿兽皮的印第安人出现在白人面前，他们驾驶狭长的独木舟，留着黑头发，有着大眼睛、高面额的脸谱，他们对新移民充满好奇。这些印第安人自称斯克雷林人，他们拿出珍贵的皮毛，只想换取一些廉价的红布，为了缠在头上显得英武无比。

后来，斯克雷林人发现了欧洲人的狡诈，就用古老的弩枪、石斧和弓箭武装起来，四面出击，决心赶走这些破坏家园宁静的外来人。尽管维京人武器精良，终因寡不敌众，两年后他们不得不驾驶帆船灰溜溜地离开了。

直到500年后，他们的子孙才卷土重来。尽管“红头发”爱利克和“幸运者”莱弗的探险航行和发现，没有像15世纪末的地理大发现那样对世界文明进程产生深远影响，但是人们仍然记住了他们。

恩里克王子：从未航海的航海奠基人

在世界航海史上，在轰轰烈烈的地理大发现之前，有一位功勋人物不容略过，他就是恩里克王子。

他本人从未出海远航，却因在航海领域的卓越贡献，被后来的航海者们奉为引路人。对广大民众而言，他有一个浪漫的称号——“航海王子”。

兴办航海学校

恩里克（葡语Henrique，英语Henry，又称亨利，1394—1460），是葡萄牙国王若奥一世的小儿子。他21岁时参加了休达战役，被父王封为骑士，回国后当上了葡萄牙天主教骑士团团长，并出任南部阿尔加维省的总督。

骑士团是个半军事、半宗教组织，拥有大量钱财。恩里克无心协理朝政，来到了西南部伸入大西洋的圣维森特角，当时叫做萨格里什，意思是“神圣的海岬”。这儿是欧洲陆地的尽头，未知海域的起点。恩里克用骑士团的资金开办航海学校，修建了天文台、研究所、图书馆、小教堂，这里很快就形成了一个小镇。

恩里克聘请最有经验的航海家和知名地理学家、天文学家、物理学家、数学家、制图家、造船家、仪器家，把他们网罗到自己门下。恩里克还在萨格里什以东20多千米的拉各斯修建海港、码头、船厂、船坞，建造和维修远航的船只。

萨格里什和拉各斯成了航海、探险事业的大本营，有两项重大技术进步在这里诞生：一是制图术，改进和完善了珀托兰航海地图；二是造船术，设计发明了一种卡拉维尔（Caravel）轻帆船，这种三桅三角帆船的船体小、吃水浅、触礁机会少，能够探索近岸水域，因此更加灵巧、快速、坚固，易于操纵，逆风时也能走折线前进。

从恩里克王子开始，航海探险活动有了计划和组织，他首先制定了明确的地理政策，部署了一系列探险活动，使航海成为一项与国家利益关联的新兴事业。

决胜千里之外

在圣维森特角，至今有一块纪念碑，写着：献给恩里克王子，开拓海上之路的英雄！16世纪的诗人卡蒙斯在《葡萄牙人之歌》中写道：“陆地从这里结束，海洋

↑恩里克王子在他的航海学校

从这里开始。”经过多年的研究、训练和准备后，1418年，恩里克王子派出的船队从这儿首航。

1419年，船队发现了圣波尔多岛，继而来到马德拉岛（葡萄牙语“森林”的意思）。距离葡萄牙900千米，岛上森林密布。当船员们不小心放火后，一把大火整整烧了7年，木材化为灰烬留下了丰富的钾碱，成为后来移植葡萄的绝佳肥料，从此，马德拉葡萄酒驰名世界、长盛不衰。

1431年，探险队继续向西航行，发现了1400千米外的亚速尔群岛，那里成为葡萄牙航船最佳的避风港。以此为中转站，恩里克王子决定派出勇者挑战传说中的“魔鬼水域”博哈多尔角。

非洲北海岸的博哈多角，远远矗立于大西洋之中，暗礁密布，激流汹涌。传说那儿是大地边缘，海水沸腾，人到了那里身体变黑，会失去灵魂和肉体，到过的人从没有生还，人们称之为“黑暗之海”。

1433年，恩里克派吉尔·埃亚内斯率“巴尔卡”号帆船出航。当船靠近博哈多角时，崖壁上的红砂土崩塌下来让海水变成了“火海”，一行人惊恐地返航了。返回后，恩里克愤怒地说：“只有一片海和一方地罢了，如果真有魔鬼，你们还能活着回来吗？”

羞愧的埃亚内斯再次出发了，为了保险起见，他们向西航行绕过了博哈多角，当折向南方回首发现，博哈多角只是个普通的岬角。从此，探险者们的心理阴影被消除了，航海运动蓬勃开展起来。

恩里克派出的探险队发现了大西洋东部边缘4个面积可观的群

岛，只有加那利群岛经过长期争执后转让给西班牙。期间，被探察和划入地图的非洲西海岸约有4000千米长，从直布罗陀海峡到利比里亚，大部分是前人未曾航达的海岸。

恩里克王子的成就

在长达45年的领导探险活动中，恩里克王子培养了一大批有经验的航海者、探险者和造船工程师，也使葡萄牙拥有了当时世界上首屈一指的船队。

与此同时，葡萄牙的造船业也完成了飞跃，新型帆船从无到有，从少到多。英国史学家巴克利评价说："改进船舶设计、地图制作、完善航海仪器和搜集旅行记载的工作，将改变历史的整个进程。达·伽马、哥伦布、麦哲伦一定会出现，他们注定要使用恩里克积累起来的知识，并使他的梦想成真。"

德雷克：英国勋爵的环球航海

弗朗西斯·德雷克（Francis Drake，约1540－1596），英国探险家、著名海盗王。他出生于英国德文郡一个贫苦的农民家庭，从学徒、水手成为商船船长，因为以海盗名义攻击西班牙而被封为大英帝国勋爵。是继麦哲伦之后完成环球航海的第二位探险家，途中发现了后以自己名字命名的德雷克海峡，也是第一位活着全程领导环球航海的船长，他的经历充满传奇。

以海盗名义与西班牙为敌

德雷克第一次探险航行是1567年，从英国出发横越大西洋到达加勒比海。1568年，德雷克和表兄约翰·霍金斯带领5艘贩奴船前往墨西哥，由于受到暴风雪袭击，转向西班牙港口寻求援助，但是西班牙人欺骗了他并险些让他丢了性命。

德雷克不明白为什么西班牙要屠杀无辜的商人，更想不通新大陆的财富凭什么只有西班牙才能享用。逃脱之后，德雷克发誓有生之年必向西班牙复仇。

1572年，德雷克召集了一批人乘坐小船横渡大西洋，像当年的探险者一样，横穿美洲大陆，第一次见到了浩瀚的太平洋。他们在南美丛林里蹲守了近一个月后，抢劫了运送黄金的骡队，又抢下了几艘西班牙大帆船，成功返回了英国。这次行动的意义并不仅仅在于获得黄金，更重要的是，德雷克证明了西班牙人并不是不可战胜的。

当时，英国希望有一支海上军事力量与西班牙争夺海上贸易的控制权。德雷克因此受到了英国女王伊丽莎白一世的召见，并很快成为女王的亲信。

发现德雷克海峡的环球航行

1577年，德雷克乘着旗舰“金鹿”号从英国出发直奔美洲，一路打劫西班牙商船。在躲避西班牙舰队的过程中，他无法通过狭窄的麦哲伦海峡。一次海上风暴后，“金鹿”号同其伙伴失散了，在向南偏离航线之后，来到了西班牙人从未到过的地方。

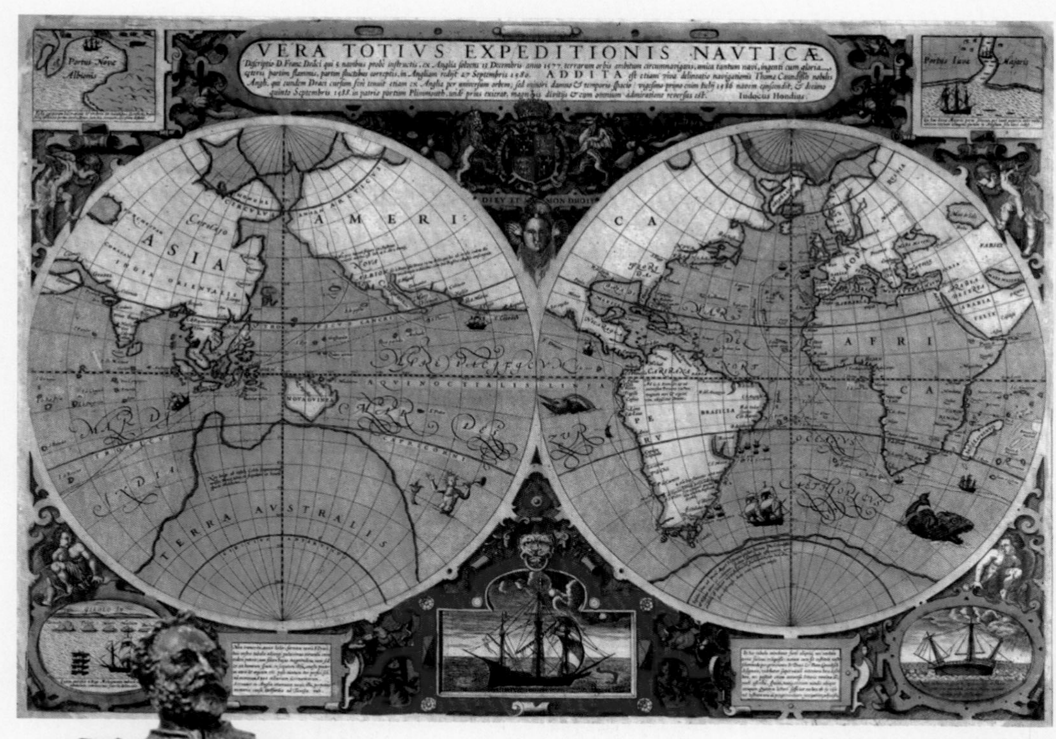

↑德雷克的环球航行路线图

自从麦哲伦海峡发现以来，人们一直认为海峡以南的火地岛是传说中南方大陆的一部分，但此时呈现在德雷克面前的是一片汪洋大海。德雷克被这意外的发现惊呆了，他高兴地向大家宣布：“传说中的南方大陆是不存在的，即使存在，也一定是在南方更寒冷的地方。”直到今天，人们称这片广阔的水域为“德雷克海峡”。他们由此一直向西横渡了太平洋。

1579年7月23日，他们到达了马里亚纳群岛，8月22日穿过北回归线，9月26日回到英国普兹茅斯港。这次航行是继麦哲伦之后的第二次环球航行，并且德雷克是第一个自始至终指挥环球航行的船长。

功成英格兰勋爵

1587年，西班牙对英国宣战，当时英国海军非常弱小，根本无力与西班牙抗衡。危急时刻，德雷克带领25艘海盗船沿着海岸线袭击西班牙船只和港口，在加的斯港外击沉了36艘补给舰，接着又冲进港内击沉了33艘西班牙战船。其后不久，德雷克又率舰队突袭里斯本附近的港口，混乱中大量西班牙船只相撞沉没，损失无法估量。接着，德雷克一行又攻占了圣维森特角要塞，扼住了地中海的咽喉。在回国的路上，德雷克一行又打劫了西班牙国王菲利普二世的私人运宝船，抢到了价值11万英镑的财富。

这一系列行动使得战争的全面爆发至少延迟了一个月，为英国争得了宝贵的准备时间。

1588年7月19日，西班牙“无敌舰队”与英国皇家海军在英吉利海峡交战，这就是历史上著名的英西大海战。德雷克率领34艘战舰担任前锋，由于指挥得当，并且使用了先进战术，使得英军轻而易举地重创了敌方。这次战役中，西班牙损失了近一半的船只，死伤1400多人，而英军则一船未沉，死伤不足百人。

自此，西班牙海军一蹶不振，英国逐渐取代其成为海上新霸主，德雷克则被封为英格兰勋爵。1596年1月28日，德雷克病逝于巴拿马。

阿美利哥：《新世界》命名美洲大陆

阿美利哥·维斯普西（Amerigo Vespucci，1454—1512），证明了哥伦布到达的是新大陆而非东方。他是意大利商人、航海家、探险家和旅行家，美洲以他的名字命名。

扑朔迷离的探险经历

1454年，阿美利哥出生于佛罗伦斯的一个富裕家庭，在家中排行第三，父亲是佛罗伦斯的公证人。他在意大利平静度过了38年。

1492年，阿美利哥作为一家银行的代理人被派往西班牙，他情不自禁地把商业活动和探险结合起来。他声称自己参加过多次探险活动，并且记录了他的探险经历，以奇特的想象力和生动的描写赢得了许多读者，虽然他从未担任过任何一条船的船长，也不是任何一次航行的组织者。

从1499年到1501年，阿美利哥参加了由阿伦索·德·奥维达领导的探险活动，到达现在的盖亚那沿海后，两人分手了。阿美利哥向南航行，发现了亚马孙河河口，直到南纬6°，然后转回，发现了特立尼达岛和奥里诺科河，经由现在的多米尼加回到西班牙。

他的第二次航行从1501年到1502年，是代表葡萄牙出航的。如果他的记载正确的话，这次航行曾到达阿根廷南部的巴塔哥尼亚地区。

很少有人知道他的最后一次航行，据说这次航行是在1503年到1504年间，也可能根本就不存在。1512年，阿美利哥在西班牙的塞维亚去世。

历史学家对他究竟有几次探险存在争议，但是他对于南美洲的探险确实存在，而且正是由于他的信件，欧洲人第一次知道存在一个美洲新大陆。

“亚美利加”的由来

尽管举世公认哥伦布发现了美洲新大陆，但是哥伦布自己从不这样认为，他眼中的“西印度”自然没有取得美洲的命名权。

阿美利哥在探险传记中，常常用无中生有和哗众取宠的表达手法迎合欧洲读者猎奇的口味，尤其是1502年所写的《新世界》引起了持续的轰动。其中，最有价值的部分，就是他对“新大陆”充满批判性的论证。

1499年，阿美利哥第一次踏上美洲大陆，直觉告诉他，这儿是一个新的大陆，而不是某个岛屿。他在一封信中写道：“应当把这些地区称作新世界……大多数著作家说，在赤道以南只有海洋没有大陆，更没有一个有人居住的大陆。事实上，这块大陆上的人口和动物的稠密程度，比我们的欧洲、亚洲和非洲有过之而无不及。”

新大陆由阿美利哥首次发现引发了许多争议，有人认为他是欺世盗名，但是，阿美利哥本人并没有参与美洲的命名。只是由于他的信件被出版并广为流传，引起了德国著名的地理学家瓦尔德塞·弥勒极大的兴趣，这是一位酷爱起名字的怪才。

1507年，瓦尔德塞·弥勒出版了一本《世界地理概论》，在书中他特意介绍了一位“勇敢有余但经验不足的”伟大人物阿美利哥，并且附上了阿美利哥宣布发现新大陆的两封信的原文。他认为：“没有任何理由和任何权力，能够禁止把世界的这个部分称为亚美利加或亚美利加地区。”这本书出版后十分畅销，从此，亚美利加成为了新大陆的代名词。

在阿美利哥的家乡佛罗伦萨，人们在他的故居铭文上这样评价：一位高尚的佛罗伦萨人，以发现美洲而使自己的国家和名字光荣显赫，他是新世界的开拓者。

布干维尔：尊重土著人的法国船长成功环航

1772年，法国航海家布干维尔（Bougainville，1729—1811）出版了引起轰动的环球航海探险纪实著作，详细记载了作为法国人首次环球航行的情况。

法国人的环球首航

1766年，法国政府组织了一支探险队，配备了“布德兹”号巡洋舰，任命37岁的布干维尔为指挥官。探险队的成员中有不少天文学家和自然科学家。他们从圣马洛出发，航行到南美拉普拉塔河。12月5日，他们穿越大西洋，到达马尔维纳斯群岛与补给船“明星”号会师后，在恶劣的天气下穿过麦哲伦海峡进入太平洋。

1767年4月2日，他们来到了大溪地岛，有30多人得了坏血病，因为所带蔬菜早已吃完，他们急需新鲜水果和蔬菜。当他们的船驶进港湾之后，当地100多艘土著人船只围上来表示友好，并给他们送来了猪肉、蔬菜和椰子。布干维尔十分高兴，他对土著人以礼相待，回赠了许多菜种和日用品，受到了当地土著人的好评。

有一天，几个船员的东西被土著人偷走了。他们发现偷窃的线索后，就登陆到土著人家里要求补偿，并且抢走了土著人的猪。由于土著人不同意，双方发生了争执，两名船员动手打死了两个土著人。事情发生后，布干维尔十分生气，马上警告所有船员，不许残害土著人，要通过协商来解决问题。

为了平息事态，他下令将杀人的船员绑在柱子上，准备枪决。善良的土著人请求布干维尔放过这两个人，布干维尔被深深地感动了，于是放了两名船员，让他们拿出许多礼物作为补偿。

他们1768年9月到达巴达维亚，后又转航到毛里求斯岛，并绕过好望角航行到大西洋的阿森松岛。1769年2月回到了法国，从而完成了环球航海的使命。

人类和平环航的意义

布干维尔出生在法国巴黎一个贵族家庭，从小接受良好教育，心地善良且富有同情心。上学的时候，老师讲到麦哲伦航海的故事，这位航海家历尽艰难终于完成了人类第一次环球航行，却在胜利前夕惨死。

布干维尔跟老师讲："麦哲伦完全可以不死的。"老师问为什么，他胸有成竹地说："其实这并不复杂，只要麦哲伦对当地百姓好一点，不管遇到什么情况，都尊重当地的老百姓，他一定不会死的。"

在整个航行过程中，布干维尔一直以文明的方式处理与沿途土著居民的关系。每到一地，土著居民都给了他力所能及的帮助，减少了他在航海中的困难，使他的环球航行完成得非常顺利。

此次环球航行是18世纪最有名也是最幸运的一次航行。因为在3年的航行过程中，200名船员只死亡了7人，在人类的环球航海活动中这是一个奇迹。

野蛮有代价，和平结善缘

翻开世界近代航海史，航海探险家们固然为地理发现作出了卓越贡献，但是他们野蛮对待土著人的行为却是罪孽深重。达·伽马开辟通向印度的航线，对当地居民刀枪相见；麦哲伦环球航行中，在侵略马克坦岛的战争时被土著人刺死；著名的库克船长也死在了和夏威夷土著人的争斗中。但是，也有理智的探险者，他们能与土著人和睦相处，有的还与土著人交上了朋友。布干维尔就是"近代第一个平等对待土著人的航海家"。

迪维尔：阿德利企鹅的命名者

迪蒙·迪维尔站是法国于1956年1月在南极建立的科学考察基地，位于南极洲阿代尔角，以法国探险家迪蒙·迪维尔（Dumont d'Urville）命名。

征服南极的艰难历程

南极洲是地球上最遥远、最孤独的大陆，严酷的奇寒和常年不化的冰雪，长期以来使人类难以登陆。数百年来，为了征服南极，揭开它的神秘面纱，数以千计的探险家前仆后继，奔向南极，表现出不畏艰险和百折不挠的精神，创造了可歌可泣的业绩。

1772至l775年间，英国库克船长领导的探险队在南极海域进行了多次探险，但并未发现任何陆地。直到1819年，英国的威廉・史密斯船长才发现南设得兰群岛。1838至1842年，美国海军上尉威尔克斯对南极洲的探险，证实南极洲为一块大陆而不是一个群岛，他在印度洋海岸发现的陆地被称为威尔克斯地。

直到1840年，法国探险家迪维尔率领两艘桅舰发现了阿德利海岸，首次实现了人类登上了这片大陆的梦想。

↑迪威尔指挥船

阿德利企鹅见证人类到来

迪维尔是法国著名的航海家，曾两次完成环球航海。1837年，他按照路易・菲利普国王的旨意，到南极探险。

迪维尔的航海经验十分丰富，他们计划驶过维德尔海时被巨冰挡住，于是，调转船头朝西北方向驶去，在行驶中发现了茹安维尔岛。一条冰封的海峡把这个岛和他所命名的路易・菲利普地截然分割开来。

1839年底，迪维尔率领船队离开塔斯马尼亚的雷巴特港。他们向南行驶不久就遇到了风暴和浮冰，搏斗了20多个日夜之后，他们驶到一个巨

↑法国考察基地

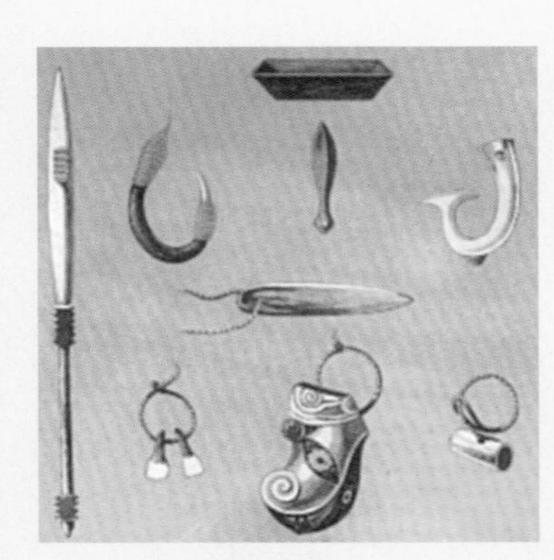
↑迪维尔探险时的用具

大黝黑的悬崖边。这个悬崖直上直下，高1000多米，左、右两边望不见尽头，上面覆盖着薄冰，下面海水哗哗直响。令人奇怪的是，临近南极大陆的海岸，竟然连一块浮冰都没有。

为了寻找可以登陆的地点，迪维尔在悬崖下继续航行。突然，他们发现了一个没有多少积雪的荒岛。根据小岛的情况，迪维尔决定从这里登陆。

当踏上这片松软的沙滩上时，他们高兴极了，因为这是人类第一次站在靠近南极大陆的土地上。

忽然，迪维尔发现了一群长相非常奇怪、全身直立的大鸟，它们有着白白的胸脯、黝黑发亮的背，长长的嘴巴叫个不停，走起路来一摇三晃，就像一位大腹便便的绅士。这些动物就是人们今天看到的憨态可掬的南极企鹅。望着这些可爱的动物，迪维尔想起了分别多年的妻子阿德利，于是他就把企鹅和发现的陆地都叫做阿德利。从此以后，阿德利企鹅成为一种南极企鹅的名字。

海盗故事

Stories of Pirates

这个世界属于你我，只属于你我。

无穷的任务，无穷的开拓，没有边际的无限的探险。

从艰难开始，一步一步地寻找永远的蓝色海洋。

我们疯狂，我们自由，我们只有自己，我们只有未来！

——引自小说《海盗》

海拉金：苏丹的地中海霸主

海拉金（又译海雷丁）是一名陶工的儿子，原来名叫阿错尔，因为他一把火红的大胡子，所以有一个绰号为“巴尔巴罗萨”，意思是“红胡子”。

阿错尔的哥哥阿鲁季是当时著名的大海盗，1518年占领了阿尔及尔，却被反抗的阿尔及尔人联合西班牙人杀死了。西班牙人随即派出舰队攻打阿尔及尔，又被阿错尔彻底消灭了。随后阿错尔控制了阿尔及尔城，宣布该城为奥斯曼帝国所有，并宣誓效忠于土耳其苏丹。苏丹任命他为阿尔及尔地区全权代理人，并赐给他一个光荣的名字“海拉金”，意思是“信徒的捍卫者”。

1526年，西班牙大军占领了阿尔及尔，但是，海拉金却运用残存的轻型船只设下埋伏，夺取了西班牙舰队的旗舰，并且俘获了舰队司令。接着，海拉金率领余下的队伍占领了突尼斯。在接下来的3年里，海拉金以突尼斯为根据地进行海盗活动，在打击西班牙人的同时积蓄自己的实力。1529年，海拉金率领强大的部队再次占领了阿尔及尔。

1538年，在希腊西海岸的普雷佛扎湾，多里阿统率的西班牙和威尼斯联合舰队同海拉金率领的土耳其舰队展开激战，最终多里阿被击败，威尼斯被迫与苏丹签订了不平等条约。此役之后，海拉金成为地中海权力无限的霸主。

1543年，法国国王法兰西一世与土耳其苏丹苏里曼一世结成联盟攻打西班牙，海拉金的舰队同法国舰队联合作战。战后，由于法国无力支付“酬金”，海拉金就留在法国海岸抢掠港口城市，一直到法兰西一世付清全部债款，海拉金才率舰队离开。

1546年，海盗海拉金去世，此时，他已然成为土耳其海军元帅。海拉金在地中海西部建立了国家规模的海盗统治。

摩根：英国军官和海盗王

亨利·摩根，一度被认为是《加勒比海盗》系列电影中的大反派，从巴伯斯船长到戴维·琼斯，都是十恶不赦的杀人魔王。在西方文化中，“戴维·琼斯”这一名字还代表“海中恶鬼”。而历史上的亨利·摩根，却是一名兼具海盗和军官身份的传奇风云人物。

1635年，亨利·摩根出生在英国威尔士一个大户人家。1655年，英国海军从西班牙手中夺得加勒比海的牙买加岛，此时亨利·摩根是一名英军士兵，他结识了岛上的小偷、骗子、逃奴和杀人犯，这些人纠集在一起结成许多海盗帮派。为了抗击西班牙人，英国海军需要利用他们的力量。

1663年，亨利·摩根带人前往中美洲袭击西班牙人的殖民地，掠夺了大量财宝。1665年，他返回皇家港，惊喜地发现自己的叔叔爱德华·摩根当上了加勒比海英军指挥官。叔叔死后，1668年，他被任命为皇家新的军事司令官，以海军中将的身份掌管一支由15艘船和900多名船员组成的舰队。

与此同时，海盗们也推举他为牙买加海盗总头目曼斯菲尔德的继承人。这样一来，摩根既是英国海军高级军官，又是海盗的总统领。双重身份使他调集了大量海上军事力量，西班牙人因此而灾星临头。一年内，摩根袭击了古巴和巴拿马。

一年以后，摩根进行了一次远征，率领8艘航船和650名水手袭击了马拉开波湖附近的两座城市。回程中他们发现被西班牙军队封锁了，海湾上架着大炮，三艘巨大的战舰横在海峡外面。摩根命人趁其不备，用装上炸药的小船炸沉了两艘敌舰，另一艘也被海盗们掠取。摩根又派人佯装登陆，西班牙人调转了炮头。当天夜晚，摩根在暮色掩护下，率领船队悄悄离开了海湾。

由于此时英国已与西班牙签署了停战协议，亨利·摩根因为破坏和平奉召回国，不过查尔斯二世随即赦免了他，并于1673年为他封爵，任命他为牙买加副总督，让他帮助政府铲除海盗。此后，亨利·摩根一直在牙买加殖民地担任要职，直到去世。

卡特琳娜：红发女海盗

唐·埃斯坦巴·卡特琳娜有西班牙海盗女王之称。她于18世纪中叶出生于西班牙，是当时巴塞罗那船王的千金。喜武厌文的性格让她无法服从父亲在她18岁时将其送到修道院的决定，于是逃离了家庭。她剪掉自己的红发，女扮男装开始了流浪生涯。为了活下去她干过多种职业，在酒吧里当伙计，在邮局当邮差，参加过盗贼团，也干过水手。一年后在秘鲁她报名参加了陆军，并且成功地隐瞒了自己的身份，后来在一次暴乱中她错手杀死自己的哥哥，痛苦悲伤之余便走上了海盗之路。

一次海战中因为船长战死，卡特琳娜被推选当上了新船长。这时她恢复了女儿身，一头红发。在以后的岁月中，卡特琳娜用自己的行动成为海盗女王，但她有自己的准则：从来不袭击西班牙船只，还经常救助那些落难的西班牙商船。在她心中，无时无刻不在思念自己的祖国。

在西班牙和英国的联合围剿下，卡特琳娜的队伍被西班牙舰队击溃，她被带回马德里受审，被判处死刑，但国民一致认为她是无罪的。这件事惊动了国王菲利普三世，在他的干预下法院重新审理了案件，最终将卡塔琳娜无罪释放。

不仅如此，国王还亲自召见了这位“西班牙的英雄”，赏赐给她“大笔的金钱和封地”。卡塔琳娜就一直住在自己的封地，终生未嫁。

基德：绞刑架上的海盗猎手

威廉·基德是苏格兰格林郡一位牧师的儿子，20岁移民美洲时已经是位经验丰富的船长了。1689年英法开战时，他应征当上了武装民运船的船长，在西印度群岛和加勒比海一带同法国人作战，因为战功卓著得到了英国女王亲自嘉奖。战争结束后，他在纽约娶妻生子。

1695年，基德在伦敦认识了爱尔兰贵族贝洛蒙勋爵，受邀担任一艘由贵族赞助的武装民运船的船长，任务是攻击海盗船，夺回被抢走的财物。当年12月，基德乘坐“冒险”号出发了，整整一年，在大西洋上没有遇到任何海盗船只，反而经常被皇家海军为难，水手们开始抱怨，有些人甚至煽动大家去当海盗。为了稳住局势，基德在红海抢了几条商船，把财物分给了水手，这使他犯下了海盗罪。

其后不久，“冒险”号在穆哈港外混进一支“法国船队”，并在第二天凌晨发起了进攻，直到对方升起英国国旗，基德才发现他们原来攻击的是英国东印度公司的船队。基德撤退了，但是“冒险”号却被认了出来，于是“基德变成海盗”的消息迅速传播开来。基德的赞助人害怕闹出丑闻，没有站出来替他辩护，于是基德的名字上了海盗通缉令的名单。

有口难辩的基德只能避开英国皇家海军和英国港口，但他一直相信，凭借自己手中的文件，只要一回到英国他就一定能澄清事实。

1698年4月，基德的船队驶进了马达加斯加群岛的圣·马丽诺小港口，这里是海盗聚集地，罗伯特·卡利福船长的海盗船“莫查”号正好停泊在这里。天真的基德此时还认为自己是一个海盗缉捕者，竟然下令向海盗船开火。但是，他的水手们拒绝这样做，他们给基德两条出路；要么死，要么当海盗，陷入绝境的基德选择了后者。

1699年，基德给贝洛蒙写了一封信，请求他的支持。贝洛蒙把基德骗到波士顿，在收回了几份可以作为证据的文件后，立即命人逮捕了基德。由于所有的证据都被拿走了，基德无法证实自己的清白。1701年5月9日，他被法庭认定有罪并判处绞刑。他的尸体被涂满了柏油，在泰晤士河边挂了好几年。

根据基德故事改编的民谣：

当我在海上驰骋时，大家都唤我做船长基德；

当我在海上驰骋时，坏事做尽，并违背上帝的法则；

当我在海上驰骋时，四处游荡，找寻猎物，烧杀掳勒；

当我在海上驰骋时，离岸不远处我杀了威廉·摩尔，看着他的血流成河。

别了，行酒作乐的老少水手，我得走了，来寻觅我的藏宝吧！

别了，鲁依镇美丽的姑娘，我得走了，没人愿宽恕我。

别了，我得走了，去遭受无穷无尽的苦难，去被埋葬……

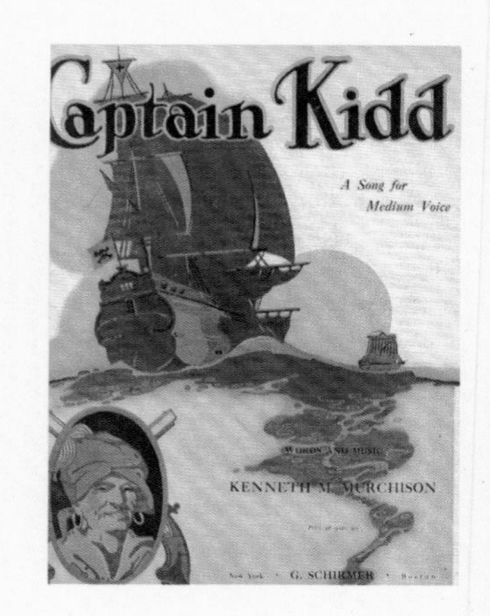

爱德华·蒂奇：标准黑胡子海盗

大名鼎鼎的“黑胡子”爱德华·蒂奇——传说中最残暴的海盗。据说直到今天，“黑胡子”的名字还被西方国家的母亲用来吓唬不听话的小孩。

爱德华·蒂奇曾在一艘武装民船当水手，便开始驾驶武装民船出海劫掠敌船。他留着一丛浓密的黑胡子，本是大海盗戈特船长的手下，后来脱离了戈特自立门户。

1715年，他指挥着有40门火炮的“复仇女王”号出海，击败了普通海盗不敢惹的英国皇家海军。他的疯狂让他一战成名，人人都知道了“黑胡子蒂奇”，整个大西洋沿岸陷入“连皇家海军都无法确保安全”的恐怖之中。

此后两年，蒂奇无缘无故消失了。复出后的他更加疯狂，北至弗吉尼亚，南至洪都拉斯，全都在他的抢劫范围之内。“黑胡子”在全盛时期拥有由4艘帆船组成的海盗舰队，其中“复仇女王”号是他的旗舰。随着实力的壮大，黑胡子的野心也进一步膨胀，他决心攻击由政府军把握的海港，并计划在那里建立独立的政权。“黑胡子”选定的目标是当时仅次于波士顿、纽约和费城的北美第四大港口查尔斯顿。

1718年5月，他率领4艘海盗船封锁了南卡罗莱纳州首府查尔斯顿。由于当时美国还没有建国，英国海军也没有舰只在附近驻防，“黑胡子”的围攻立即奏效。海盗舰队旋即捕获了5艘进出港口的商船，并将港内的船只洗劫一空。他们还绑架了几名人质，包括市政议会议员也是百万富翁的塞缪尔·莱格和他的儿子，扬言要“踏平查尔斯顿”。

然而在1718年秋与斯波茨伍德海军的交锋中，稳操胜券的蒂奇，竟然鬼使神差地死在了梅纳德船长的手上，他的头颅被悬挂在了海军的旗杆之上。

“黑胡子”的死标志着美洲海盗的衰亡，所谓的海盗王只剩下罗伯茨一人。

罗伯茨：虔诚基督徒的“海盗法典”

在为数众多的海盗船长中，巴塞洛缪·罗伯茨是非常特殊的一位。他形貌英俊，酷爱华丽衣装，有品茶的雅好，虽然做着杀人越货的勾当，却虔诚地信奉基督教。罗伯茨船长制定了后来被称为“海盗法典”的严格规定，并且切实执行了下去。

1682年，巴塞洛缪·罗伯茨出生于英国的威尔士，早年曾在武装民船上服务。当黑胡子海盗王在美洲沿岸威名远扬的时候，他还是一艘巴巴多斯商船的大副。当了20多年普通水手后，罗伯茨觉得这样下去一生都不会有什么大作为，于是他加入了戴维斯船长的海盗团伙，凭借出色的航海技巧和过人的胆识，很快得到了船长的赏识。在一次和葡萄牙人的战斗中，戴维斯船长被打死了，水手们一致推举罗伯茨做船长。

1719年7月，罗伯茨指挥“皇家流浪汉”号来到戴维斯遇害的王子岛附近，夷平了那里的葡萄牙殖民地；然后沿着非洲海岸一路南下，9月抢劫了由42条葡萄牙商船组成的船队；接着进入加勒比海，向北驶向纽芬兰，抢劫那些横渡北大西洋的船队。

1720年6月，罗伯茨率“皇家流浪汉”号大摇大摆地闯进了特雷巴西港，将停泊在那里的150余条船洗劫一空，并且从中挑出一条最好的快船作为他的新旗舰，命名为“皇家幸福”号。

1722年2月，“皇家幸福”号来到了非洲沿岸距离当年戴维斯船长遇难地王子岛不远的洛佩斯角，遭遇了英国皇家海军的“皇家燕子”号巡洋舰，经过

一番恶战，海盗船被堵在了军舰和海岸中间。在猛烈的火力中，罗伯茨被流弹击中了脖子，当时就倒在了身边的大炮上。船长死后，海盗们无心恋战，纷纷束手就擒。绝大多数海盗被送上了绞刑架。这一战，也意味着大航海启蒙后海盗黄金时代的结束。

一位曾经见到罗伯茨的讲述者这样描述："他是一个勇敢的人，他穿着深红色的马甲和马裤，帽子上插着红色的羽毛，脖子上挂着一条金链子，上面缀着一颗钻石。他手中拿着宝剑，按照海盗的传统样式，在肩膀上挂了一只银质弹弓，弓尾上挂着两支手枪。"

海盗法典

巴塞洛缪·罗伯茨船长又被称为"黑色准男爵"，他制定的"海盗法典"广泛流传，内容包括：一、每人都有选举权；二、人人公平，但在财产方面不得欺骗，违者放逐；三、禁止赌博；四、晚8点熄灯，此后想喝酒的到甲板上去喝；五、保持武器的整洁，随时可用；六、男孩和女子不得加入队伍，若有船员带女人到海上，将被处死；七、延误战机者，被处死或放逐；八、船上不得互斗，争端到岸上用剑或手枪解决；九、不得谈论改变生活方式的话题；十、船长得到两份战利品，炮手一份半，其他小头目一又四分之一份，普通海盗一份。

张保仔：中国平民海盗王

张保仔，本名张保，1786年生于广东新安县一户渔民家庭。因为清朝水军勒索，家破人亡，被其他渔民抚养长大。他15岁随众出海捕鱼被大海盗郑一掳去。郑一见他聪明机警便留在了身边，于是张保仔被迫当上了海盗；因为他才干不凡，不久便当上了小头目。后来郑一在与清朝水军的战斗中死亡，其妻接替掌管整个海盗帮派，用张保仔为助手，最终权力落入张保仔手中。

张保仔可以说是中国版的海盗王，电影《加勒比海盗3——世界的尽头》中，由周润发饰演的华人海盗啸风的原型就是他。

到了清朝嘉庆中期，张保仔是珠江三角洲一带最大的海盗头目，曾经一次击沉葡萄牙军舰18艘。由于张保仔处理有道，深得众人拥戴，队伍迅速发展壮大，最盛时拥有大船800多艘、小船1000多艘，手下海盗多达数万人。他在当时荒凉的香港开荒种田，还常与海外华侨往来，使香港岛兴旺起来，居民达到20多万。

清廷为降服张保仔，施行内外夹击、封锁、挑动内讧、先歼后抚等策略，但是官兵屡战屡败，始终对张保仔奈何不得。后来两广总督百龄改变策略，将粮食海运改为陆运，将商营的弹药厂收归官办，从而断绝海盗的粮食、弹药供给，并加紧海上巡逻，遇到海盗船只立刻炮击。这些办法让张保仔的生存变得十分艰难。

1809年9月17日，张保仔俘虏了一艘英国东印度公司的商船，勒索了数万大洋、两箱鸦片烟及两箱火药等作为赎金，这引起了英国殖民者极大不满。清军和英、美、葡萄牙等国的舰队对张保仔的海盗舰队进行了大规模的围剿，海盗们很快水米断绝，战船损坏也无法修理。

1811年，百龄派人劝降张保仔，张保仔选择了投降，并效法梁山好汉开始协助清廷打击海盗，先歼灭黄旗帮200多人于七星洋，又破青旗帮船队数十艘于放鸡洋，再战蓝旗帮于儋州，擒拿首领麦有金。张保仔升官晋爵，由千总擢升守备，并担任顺德营都司等职。

西欧海盗

自从人类学会了造船，便开始了征服大海的伟大航程，海上贸易随之兴起。同时，海盗这一“职业”也就诞生了。

现存最早的海盗记录出现在一块黏土碑。碑文记载了罗马时期迦太基人对海上的威胁，为消除这一威胁，公元前5世纪罗马派出能征善战的庞贝将军率领一支庞大舰队前往地中海，经过激烈战斗摧毁了海盗们的据点。

海上暂时恢复了平静，直到公元8世纪后半叶，来自北欧的维京人出现。维京人生性嗜血而战斗力强大，他们仿佛不知道恐惧、伤痛和疲劳，一直战斗到杀光敌人或者自己死去，因此被称为狂战士。维京人几乎征服了欧洲周边所有的海域，后来基督教渗入了他们的灵魂，他们逐渐融入当地文化并在大陆上定居下来。整个中世纪，地中海的海盗很长时间几近销声匿迹。

然而到15、16世纪，欧洲人横渡大西洋到达美洲，绕过非洲南端抵达印度，这两条新航线和第一次环球航行的成功标志着大航海时代的到来。欧洲境外的殖民地大量建立，通过贸易和掠夺的财富源源不断运往欧洲。满载着黄金、白银和贵重货物的船只，成了海盗们捕捉的猎物。而欧洲各国为了在海上打击敌国势力，不但以“私掠许可证”的方式纵容本国海盗袭击别国，甚至为了军事目的暗中资助海盗活动，其中最典型的就是西班牙和英国的海上霸权争夺战。

到了18世纪初，这种“合法”的劫掠行为发展到了历史高峰，从而迎来了海盗们的黄金时代。基德船长、亨利・摩根、“黑胡子”、“准男爵”……一个个强大的海盗王由此崛起，他们不仅劫掠商船，还攻击那些拥有坚固防御的殖民地，从中得到了天文数字一般的财富。在取代西班牙成为新的海上霸主之后，英国想建立一个安全的海上贸易环境。于是，英国皇家海军开始不遗余力地清剿那些早已失去控制的“私掠船”。1722年，最后一位海盗王巴塞洛缪・罗伯茨在海战中被击毙，标志着海盗的黄金时代结束。

随着工业时代来临，各国海军实力大增，海盗在相当长的一段时间里似乎消失了。然而，1981年夏天，一艘叫“卡利亚3”号的帆船在巴哈马群岛出现，船上空无一人却到处是弹痕和血迹。这艘船曾发出求救电报说受到四艘无标志快艇的袭击。这一悲剧被当做海盗在当代重现的标志事件，而亚丁湾区域的索马里海盗已经成为现代海盗的代名词。

国际海事组织统计，1993年以后，世界海域发生的海盗袭击事件增长了数倍，每年都有上百起类似事件发生。由于采用高科技武装的现代海盗造成了巨大危害，各国采取了严厉手段进行打击，在亚丁湾组成联合舰队对过往商船护航就是打击海盗的重要举措。

为梦起航

Sailing for Dreams

虽然许多轰轰烈烈的航海事件随着历史的尘埃渐渐远去，但人类的航海探险之梦却并未结束。人们在津津乐道航海英雄伟大事迹的同时，又在为实现新的梦想而起航，于是众多的航海活动乘着新时代的风帆蓬勃展开。所有这一切，不是为了荣誉和财富，为的是丰富人生阅历，探求生命乐趣，挑战生命的极限。

四名老人乘塑料筏挑战大洋

航海运动具有非凡的冒险气质，吸引爱好者们前赴后继地投入到这项运动中。

其中令人称奇的是：2011年1月14日，一名84岁的老人率领一组平均年龄65岁的船员，开始了驾驶塑料筏横渡大西洋的壮举。他们从西班牙加那利群岛出发，前往约4500千米外的巴哈马。

英国84岁的安东尼·史密斯是发起人和船长，他的船员是61岁的唐·拉塞尔、57岁的戴维·希尔德雷德和57岁的安德鲁·贝恩布里奇，4人年龄总计259岁。

2005年，安东尼·史密斯在《每日电讯报》上刊登广告，写道："谁有兴趣乘筏子横渡大西洋？知名旅行者征集3名船员。必须是退休老人，只接受认真的探险者。"时年79岁的安东尼·史密斯担心别人以为他在做白日梦。

史密斯是一名探险家，写过30本书，还在英国广播公司当过主持人。1962年，他乘坐热气球横跨东非，第二年又成为第一个乘坐热气球翻越阿尔卑斯山的英国人。早在1952年，史密斯就产生乘坐筏子横渡大西洋的想法，想从加那利群岛起航，靠吃海鱼维持生命。史密斯出过车祸，腿里打上钢钉，走路必须依靠拐杖，但即使这样也没能让他那颗爱冒险的心冷却下来。

史密斯说，“大部分我这个年龄的人会高兴地去超市采购或者帮忙修补教堂房顶。我想表达的是，你不必只因能去超市就感到满足，你可以做其他事情。”

“这件事的意义在于证明老年人也能做些引人关注的事，”史密斯说，“我84岁，有点残疾，所以够格。人们问我害不害怕，我说，我不太清楚。我不知道整天待在摇晃的船上会多累，睡在火车铺位一样的床上是什么感觉。没有人知道会遇上什么样的风暴，但我们将驾驭船只应对。”

历时66天，航行2800英里（约4596千米），他们终于完成了横渡大西洋的壮举。老骥伏枥，志在千里。这几位不平凡的老人，让我们感受到了他们对航海的热情与执著。

少年独身环球航行

英雄出少年。近年来，几位年轻人只身环航世界，引起了世人的关注。他们从小喜爱大海，当条件成熟时，他们无所畏惧地奔向海洋，享受乘风破浪的乐趣。

JESSE MARTIN

There are places you can only get to by sea,
and there are places you can only get to
by being at sea.

18岁的杰西・马丁

澳大利亚青年杰西・马丁年仅18岁，他独自驾驶一条11米长的小船克服了重重困难，完成了5万千米的环球旅行。

杰西自幼酷爱大海，从小喜欢在海水中嬉戏。他阅读了大量关于海洋的书籍，以便了解许多关于海洋及野外生存的知识，并立志将来独自驾船环球航行。

1998年12月6日，年满18岁的杰西告别亲人，自驾小船从家乡墨尔本开始了航程。在面临恶劣天气、缺少淡水、孤独寂寞等前所未见的困难时，内心坚强的杰西利用从小到大积累的求生知识，以及与生俱来战胜大海的执著，一次又一次地克服困难，战胜自我，成功环球一周。

1999年11月1日，当他的船开进港口时，受到了数千人的热烈欢迎。杰西走路有些晃晃悠悠，但非常兴奋。他说：“回到人群中间，闻到土地的气息，感觉真是美妙极了。”

17岁少年扎克·桑德兰

美国西部时间2009年7月16日，来自加利福尼亚南部的17岁少年扎克·桑德兰完成了28000英里（约合44800千米）、历时约13个月的环球单独航行，扎克受到了亲朋好友和旁观者的热烈欢迎。

扎克的父亲劳伦斯是一位极优秀的造船者，一生与各式各样的船只为伍。从出生第6周开始，扎克就时常跟随父母在大海上航行。此后，他和父母还以船为家过了很长一段时间。可以毫不夸张地说，扎克·桑德兰从小就是以船为家的。

2008年6月14日，扎克·桑德兰独自驾驶着自己的小船“勇气”号从加利福尼亚出发，终于又回到了出发的地点。“能够回到自己出发的地方，简直是太好了！”扎克这样说道。他成为了当时世界上单独完成环球航行年龄最小的人。

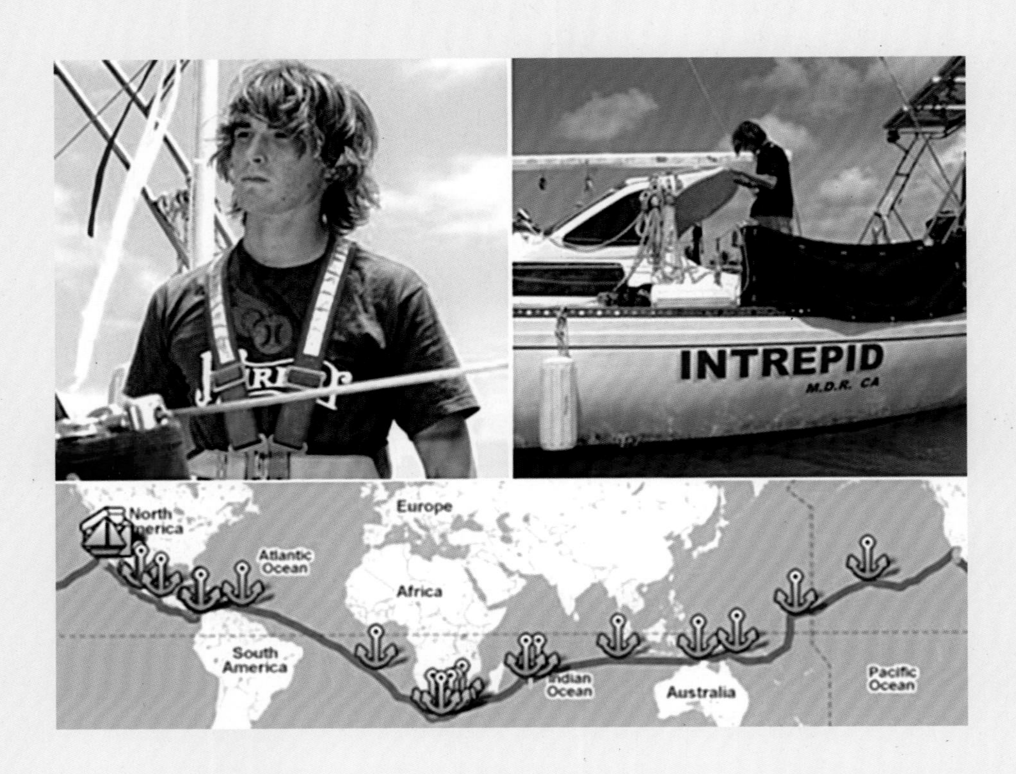

16岁少女杰西卡·沃森

环球航行的纪录很快又被一名女孩打破了，澳大利亚16岁少女杰西卡·沃森独自驾驶帆船航行210天后，2010年5月15日驶入澳大利亚悉尼港，完成了环球航行。

杰西卡2009年10月18日从悉尼出发，经新西兰以北海域，再南下绕过南美洲合恩角，横渡南大西洋，绕过非洲好望角回到澳大利亚，环球航程约42000万千米。

过去7个月，这个来自昆士兰州的女孩，独自与海浪抗争，并忍受思乡之苦。杰西卡出发前，不少反对者说她不够成熟，欠缺航海经验，但杰西卡父母支持女儿，认为自8岁起开始海上航行的女儿已经做好了准备。

杰西卡告诉“粉丝”们：“人们觉得你没能力做成这类事情，实际上，他们不知道年轻人能做什么，不知道一个16岁的女孩能做什么。当你实现对自己的期望时，那种感觉令人惊喜。”

世界航行时速纪录理事会不打算承认杰西卡的不间断环球航行最年轻航海者纪录，原因是理事会要求所有独航者须年满18岁，但媒体认定她是不间断环球航行的最年轻航海者。

垂直环球航海者弗兰根的生命游戏

2008年5月21日上午11时，安德鲁·弗兰根和他的船只Barrabas号回到了2005年10月28日他离开的地方，48岁的他独身一人完成了“垂直”环球旅行。他在日志中写道：“当我把船系在皇家游艇俱乐部时，30825海里（约57000千米），这是我在测程仪里读到的，我终于到达了终点。”

弗兰根小时候在香港就梦想环球航行，后来进入英国皇家海军学院学习，参加过许多环球游艇赛。为了这次航行，他不得不抵押房子，花费积蓄，并千方百计地节约预算。因为，人们不太愿意赞助有生命危险的活动。独身一人去环球航行，危险系数很高，没有哪个公司愿意将钱投在这里。

出发前他带了所需要的一切，包括枪、刀、工具、食物，还有导航设备。整个航线设计：从英国南下大西洋，到开普敦，再往西到太平洋，然后沿太平洋北上到白令海峡驶入北极圈。再向西，沿着俄罗斯海域，进入挪威海域，最后，南下到北海（英国的东海岸）。选择这条路线的原因是，没有人尝试过单人“垂直式”环球航行，这是一次真正意义上的历险。

这次航海历险让弗兰根最有成就感的是：第一，成功地驶过非洲的好望角，而且是单枪匹马；第二，向北进入北极圈，他是第一个被允许单独进入这块领域的航海者；第三，在英国皇家军队的护送下回港。

这次航行中，弗兰根也经历了艰难的时刻。出发后第5天，他刚离开英国南部海岸就遇上了10级风

暴，船几乎被打翻，因没有系救生绳，人与船完全分离。幸运的是，船最后居然停下来了。还有一次，当他离开西班牙海岸时碰上了一艘海盗船，被跟踪了48个小时后才化险为夷。

对弗兰根而言，穿越北极是更加困难的挑战，2007年夏天，冰融化得很厉害，风往哪儿刮，水面的浮冰就往哪儿漂，小船在浮冰之间航行尤其危险。他仅有的机会是，等风从南往北在一个方向上吹至少5天以上，冰被吹散时才有可能前行。他说："我甚至看到了鱼儿从水中蹦了出来，白鲸浮在水面上呼吸空气。"

毕业于皇家海军学院的弗兰根表示，求生技能、使用武器和后勤保护对航行来说是最重要的，自信和自救在单人航行时十分关键。一支泵动霰弹枪，可以用来获取食物和防身。一直要有足够的水，需要制水机每小时能生产5升淡水；为了节省电能，有条件时要收集雨水。他的船上还带着鱼竿和水枪，在海上总是可以吃到新鲜的鱼。

弗兰根喜欢一个人航海的感觉，完全依赖自己同时不用担心别人，很长一段时间，他待在船这个小空间里。在船不走的时候，有时也阅读和写作。

垂直式环球航行

通常讲的环海周游世界，指从东向西或从西向东航行，传统的路线是经由卢温海峡、合恩角、好望角，而垂直式航行的方向是南北。无论是东西还是南北，都应该尽可能沿着一个大圆航行，但是这又不太可能，因为总有陆地挡道。所以，垂直式航行，是指大概沿着南北方向航行。

帆船航海英雄翟墨续写中国传奇

郑和下西洋展现了世界航海史上的中国辉煌。此后600多年间，世界范围内的航海事业蓬勃发展，时至今日，各种航海运动受到更多人的喜爱和参与。

当翟墨完成了个人挑战后，他创造了中国人首次单人无动力帆船环球航行的纪录。翟墨驾驶着悬挂中华人民共和国国旗的无动力帆船，用自己的行动再次证明了炎黄子孙面对海洋的勇气、豪情、信念和智慧。

翟墨生于1968年，山东泰安人。他在巍峨的泰山边上长大，航海只是山那边的一个梦。他曾旅居法国、新西兰，多次举办个人画展，从事西方美术史和太平洋、非洲土著文化的研究。

有一次，他遇到一位西方的老航海家，老人告诉他："我已经绕了地球一圈半还多，已经不记得去过多少个国家。"交谈之后不久，翟墨便从一个画家变成了航海者。"那正是我向往的生活方式，驾船可以去那些坐飞机去不了的岛屿。我可以通过帆船航海的方式去探索最古老的土著艺术，比如非洲、印第安、玛雅的艺术等，然后把这些散落在世界各地的文化串联起来，寻找艺术的本源。"

从此翟墨开始了他的航海，并一发不可收拾。

2000年2月至2001年8月，他自驾帆船环新西兰一周，考察当地波利尼西亚土著文化；同年9月，在奥克兰艺术中心举办画展。2001年9月，翟墨自新西兰奥克兰驾8米帆船再次出征，跨越南太平洋马德克和汤加两大海沟，遍访南太平洋诸岛国。

2003年3月18日，翟墨自驾帆船从大连起航，经过55个昼夜的航行，航程7600多海里（约14000千米），到达海南三亚市，圆满完成了“中国海疆万里行”。

2007年1月6日至2009年8月16日，翟墨从中国日照起航，沿黄海、东海、南海出境，过雅加达，经塞舌尔、南非好望角、巴拿马，穿越莫桑比克海峡、加勒比海等海域，横跨印度洋、南大西洋、太平洋，经过了亚洲、非洲、南美洲、北美洲的15个国家、地区和岛屿，航行约520000千米，完成了中国人的首次无动力帆船环球航海。

单人环球航海是一项充满惊险、艰辛的旅程，极大地挑战着人对自身生存能力的极限。在两年多的时间里，翟墨经历了印度洋五天五夜狂风暴雨的袭击；经历了连续120小时手不离舵达到虚脱边缘的痛苦，经历了在航行中非法闯入军事禁区被守岛的美国大兵关押的挫折，经历了被海盗跟踪了三四个小时的险境……翟墨用力量、意志和智慧与风浪搏击，战胜了死神的威胁和绵长的孤独。

翟墨对帆船情有独钟。他认为："在所有的交通工具里，帆船最自由、最环保。帆船不需要燃料，只要掌握了大洋流通的方式，去任何一个地方都会变得非常自由和简单，在船上的生活也会变得很原始。"

在艺术家的眼中，航海的体验美妙无比。他说："浅海的水是蓝色的，但是到了深海，都是灰黑色的，越深越黑。海的美是两极的，有风平浪静，也有狂风巨浪。作为航海人，没遇到恶劣的天气，就感觉不到航海的魅力。"

生命起源于海洋。这句话被翟墨演绎成："我们与大海的距离，主要是心与大海的距离。所有的生命都源于海洋，所以我们不是出海，而是回家。"

美洲杯帆船赛与“中国之队”

诞生于1851年的美洲杯帆船赛，跟奥运会、世界杯足球赛、F1方程式赛车一起，被西方誉为“世界范围内影响最大的四大传统体育赛事”。而帆船赛与F1方程式赛一样，是最为昂贵的运动之一，又被称为“海上烧钱运动”。即使如此昂贵，也阻挡不了人们对帆船运动的偏爱，在海上运动发达的挪威、瑞士、新西兰等国每六至七人就有一条船。

帆船运动和帆船赛的推行，不能忘记一个功臣——“甲骨文”（Oracle）的老板拉里·埃利森，他的梦想是改革世界上享誉最高的美洲杯（America's Cup）帆船赛，使它不再是像他这样的亿万富豪之间的比赛，而变成只要有百万美元以上的身家就可以参加的比赛。埃利森对《财富》杂志说：“我们希望，胜利者应该是航行最好的人，而不是在帆船设计上投钱最多的人。”他说，智慧、技术、市场营销、策划和设计，都应是获胜的因素之一，但归根到底要看你的航行团队有多优秀，你对风向的掌握。

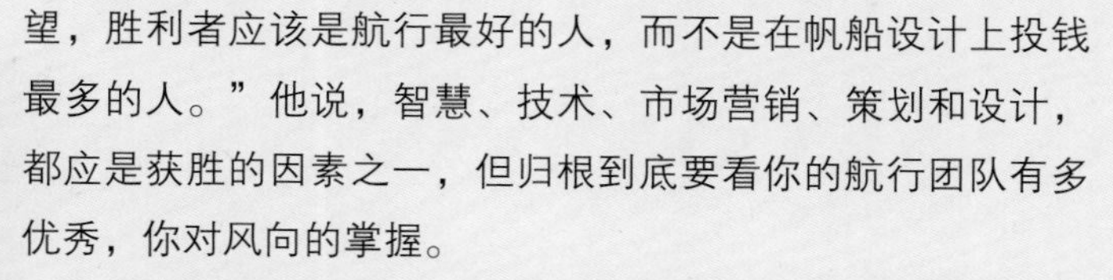

俏江南董事长张兰在美帆赛的路易·威登2009太平洋系列赛上，作为“第18人”参加了美帆赛。“全世界，只有这项运动，出资人才是可以亲自参与，而无论是赞助足球、NBA或是其他，出资人都只能做旁观者。”张兰说。

的确，赞助一支足球队，老板不可能上场踢球比赛；赞助F1赛车，不可能自己开车参赛，甚至都不可能坐在选手旁边。美洲杯帆船赛有一独特的风景“第18人”，一条帆船允许有17名船员参加比赛，分派在不同的位置上，机敏的赛事组织者在赛船的尾部增添了一个新位置“第18人”，留给尊贵的客人或者船队的老板、赞助商等，使他们有机会随船队一起全程参加一场比赛。“第18人”相当于名誉船长，职责是鼓励团队中的每一个人。

美帆赛各船队有权选择自己的“第18人”，甚至可以标价出售，当然，受邀的贵宾无须付费。上过这一特殊位置的“第18人”中，包括路易·威登、豪雅、雅致、芝华士等品牌的老板，还有F1车王舒马赫等名人。此次，俏江南是作为“美帆中国之队2009路易·威登太平洋系列赛（新西兰站）”的官方赞助商，张兰才有机会登上美帆赛的赛场。在中国，只有汇源果汁董事长朱新礼、华谊兄弟总裁王中军、爱国者总裁冯军、中国帆船帆板协会秘书长李全海、“中国之队”董事长汪潮涌等不超过10人体验过“第18人”的感受，张兰是其中的第一位女性。

说到参加美帆赛的“中国之队”，不能不提到创办人汪潮涌。作为信中立投资总裁，他把“中国之队”一手带到了美帆赛的赛场。2004年9月，他在法国马赛观看美洲杯帆船赛分站赛，看到古老的欧洲城中，有几千条各式各样的船艇，

其中8艘带有赞助商广告的帆船最引人注目，给他留下了很深的印象。于是他想，能不能组建一支“中国之队”参加美洲杯帆船赛？中国能否举办美帆赛中的分站赛？次年5月13日，国家体育总局帆船帆板协会联合“中国之队”管理公司在北京召开发布会，宣布中法合作的“中国之队”开始参加第32届美洲杯帆船赛。这意味着，这项运动在中国真正开始了。

现在“美洲杯”上使用的帆船被称作ACC级帆船，即America's Cup Class级帆船，是为该项比赛度身定做的。通常制造一艘ACC级帆船需要耗费2万小时人工，一次为期4年的“美洲杯”，总耗费可能高达10亿欧元。因此，即使世界顶级赞助商，也难以独自支撑一支美帆赛船队的费用，需要寻找更多赞助商合作。“中国之队”也不例外。除了汪潮涌的投资，还吸引了很多赞助商。

汪潮涌表示：“我希望能持续下去，‘中国之队’的比赛成绩并不重要，我希望更多的人分享帆船运动所承载的自由梦想，中国人在这里，本身就是精彩。”

克利伯帆船赛的青岛印记

克利伯环球帆船赛是“世界上规模最大的业余环球航海赛事”，自1996年由罗宾·诺克斯·约翰斯顿爵士创办以来，航程长达35000海里（约64820千米）的克利伯环球帆船赛已经成为世界上最著名的环球航海赛事之一。

罗宾爵士在1995年提出这一想法的初衷是：让更多的人参与到环球航海探险活动中来。受到普通人凭借专业装备也能登上珠峰的启发，他认为，在发达的科技水平和专业的设备条件下，更多的人可以参与环球航行这一活动。这个想法在当时受到了众多航海家和航海爱好者的支持，并最终被命名为“克利伯”赛事。在英文中，“CLIPPER”为“快帆船、多桅快帆船”之意。

与其他环球赛事由专业的、赚取酬劳的航海运动员来参加不同，克利伯帆船赛的船员没有任何酬劳，其主要目的只是让城市互相联系，为爱好者们搭建

起交流平台。克利伯环球帆船赛最大的价值在于所有人在完成比赛后都更加自信。赛后，船员们都要回到各自的工作岗位上，但是团队精神会使他们受益终身。另外，这项赛事可以把不同国家的人聚在一起，共同生活一段时间，分享彼此的文化，增进友谊。

克利伯环球帆船赛具有国际性，2009～2010赛程中的新加坡至青岛航段，来自41个国家的70多名船员，最终都顺利抵达青岛，其中有11名中国籍船员参加了这次赛事。这是克利伯帆船赛事第三次到达青岛。

“青岛”号船长克里斯·斯坦莫尔表示，从新加坡到青岛的航段非常艰辛，离开新加坡时大家都穿着短袖短裤，随着航行北上，船员们把所有的衣服都套在身上，来抵挡严寒。在航行的第二时段，帆船虽遭遇了台风，但船员们把强风最好地利用起来，使船队实现了梦想。到太阳出现的时候，船员们看到了青岛港的灯塔和美丽的海岸线，看到了欢迎的人群，由衷地感受到了成功的喜悦。

首先入港的“澳大利亚精神”号船长布伦丹·郝先生认为，航程虽然艰难，但是船员们很有能力，有的船员没有任何经验，从培训到参赛一直表现出色。团队精神是船队的力量之源。船员年龄不一，有19岁少女，也有58岁长者，大家同心协力，不断往前。成为团队中的一员，每个人都很自豪。

克利伯“青岛”号是赛事创办至今，唯一一支来自中国的船队，它连续参加了克利伯2005～2006、2007～2008、2009～2010三个赛季的环球帆船赛。期间，先后有13位中国人登上了这艘大帆船。在2009～2010赛季中，“青岛”号上首次实现了中国籍船员在环球帆船比赛中以接力的方式完成环球一周的壮举。

↑星峰游轮

追逐梦想的海上休闲之旅

当代社会，海上休闲已成为公众普及的旅游度假方式，越来越多的爱好者可以轻松便捷地享受航海乐趣。虽然，这种体验是由旅游服务公司提供，其间缺少亲自驾船的挑战性，但是，对于非专业的公众而言，能够乘船游览世界也是一种难得的人生经历。

精致的小游轮是一种不错的选择，关键是要有好的航线。这艘星峰游轮有高高的桅杆、洁白的帆布、带舷窗的船舱和柚木甲板等，绕着加勒比海、欧洲、中东和世界各地环行。乘客可以自己通过一个小艇或帆船去发掘附近海

港，游客在空无一人的白色沙滩上漫步，海水非常清澈。

有一种美国狩猎游轮，由几个小艇组成，每个小艇容纳游客12到40名不等，和那些大游轮的经历完全不同。一天的探险回来后，船长会根据个人的要求和天气制定第二天的行程。这些船在科尔特斯河航行，还会去墨西哥的巴哈半岛，游客有机会在船尾跳下海和海狮或成群的鱼一起游泳。

哥斯达黎加、巴拿马或尼加拉瓜的往返行程，是喜欢冒险，爱好自然、潜水的人们的理想选择，可以看到红树林、蜘蛛、吼猴、美洲蜥蜴和很多热带鸟类。航行于此的星形快艇队有一只五桅帆船，关掉发动机也能利用风力前行，大船可容纳227名乘客，游客爬上船首舷尾，可以欣赏到怒吼的浪花。

↑海梦游艇

在欧洲和加勒比海航行的海梦游艇会，有两艘可承载112名乘客的轮船，多在小港口停留，船上的气氛休闲而随和，没有正式的聚会正餐，各种水上运动让人觉得像是在私家轮船上一般。

可容纳332名乘客的“保罗·高更”号游轮总能到达一些异国风情的岛屿，让人们流连忘返于库克群岛、社会群岛、新西兰、马贵斯等。船上到处有法属波利尼西亚的艺术品、绘画和表演，游轮还提供很多风帆和滑水之外的海上运动。

↑“保罗·高更”号游轮

当然，人们也有机会乘上世界最大游轮“海洋魅力”号去航行。这艘巨轮由芬兰图尔库船厂建造，2010年10月28日完工，

↑ “海洋魅力”号

并交付皇家加勒比游轮有限公司使用。这艘堪称“海上奇观”的豪华游轮长361米，宽66米，排水量达22.5万吨，共有2704个客舱，可搭载6360名游客和2100名船员。游轮将“社区”理念引入其中，空间划分为中央公园、欢乐城、皇家大道、游泳池运动区、海上水疗健身中心、娱乐世界和青少年活动区7个主题区域，满足不同类型游客的度假需求。

要想自己做船长，那就加入专业的帆船俱乐部吧，在俱乐部的专业指导下挥洒驰骋大海的豪情。

↑ 游轮中央公园

↑ 游轮上的溜冰场

帆船游艇俱乐部兴起于18世纪的英国，早期只是为船舶爱好者提供一个船只停泊、修缮、补给的小船坞，后来逐渐演变成一个资源平台和社交聚集地。原有的简单功能已经不能满足人们日益增长的娱乐、社交、商务等多方面需求，于是，一个个集餐饮、娱乐、住宿、商务和船只停泊、维修保养、补给、驾驶训练等多功能于一体的俱乐部应运而生。

生命的精彩，源于对惊奇的渴求、对未知的探索。海洋蔚蓝，神秘莫测而又多情浪漫，牵引着人类心中的好奇与向往。

古往今来，航海探险者们满怀激情，谱写了无数传奇故事。他们虽然阅历各异，但无一例外地热爱大海，追求人生价值、生命自由！

广阔无垠的海洋之上，人类航海探险的脚步不会停歇，精彩仍将继续……

致　谢

本书在编创过程中，青岛市体育局张立中同志等在资料图片方面给予了大力支持，在此表示衷心的感谢！书中参考使用的部分文字和图片，由于权源不详，无法与著作权人一一取得联系，未能及时支付稿酬，在此表示由衷的歉意。请相关著作权人与我社联系。

联 系 人：徐永成

联系电话：0086-532-82032643

E-mail: cbsbgs@ouc.edu.cn

图书在版编目（CIP）数据

航海探险/任其海主编．—青岛：中国海洋大学出版社，2011.5
（畅游海洋科普丛书/吴德星总主编）
ISBN 978-7-81125-684-0

Ⅰ.①航… Ⅱ.①任… Ⅲ.①航海－青年读物 ②航海－少年读物
Ⅳ.①U675-49

中国版本图书馆CIP数据核字（2011）第058391号

航海探险

出 版 人 杨立敏

出版发行 中国海洋大学出版社有限公司

社　　址 青岛市香港东路23号

网　　址 http://www.ouc-press.com

邮政编码 266071

责任编辑 潘克菊　电话　0532-85902533

电子信箱 pankeju@126.com

印　　制 青岛海蓝印刷有限责任公司

订购电话 0532-82032573（传真）

版　　次 2011年5月第1版

印　　次 2011年5月第1次印刷

成品尺寸 185mm×225mm

总 印 张 95

总 字 数 800千字

总 定 价 398.00元

畅游海洋科普丛书
GUIDEBOOKS TO THE OCEAN

畅游海

洋

科普丛书

Hello Ocean
初识海洋
最值得珍藏的海洋科普丛书

Fantastic Islands
奇异海岛
最值得珍藏的海洋科普丛书

Amazing Marine Life
海洋生物
最值得珍藏的海洋科普丛书

航海探险
最值得珍藏的海洋科普丛书

Breathtaking Polar Regions
壮美极地
最值得珍藏的海洋科普丛书

海战风云
最值得珍藏的海洋科普丛书

Probing into Ocean Depths
探秘海底
最值得珍藏的海洋科普丛书

Pleasant Tour of Ships
船舶胜览
最值得珍藏的海洋科普丛书

Charming Ports
魅力港城
最值得珍藏的海洋科普丛书

Education
海洋科教
最值得珍藏的海洋科普丛书